항공전자개론

강 한 종
박 인 호 공저

도서출판 상 학 당

머 리 말

항공우주산업은 R&D 중심의 산업으로서 석·박사 중심의 고급인력이 참여하여 고도의 지식이 결합되어 이루어지는 최첨단산업이기 때문에 부가가치가 높을 뿐만 아니라 고용창출 효과도 높아 미래에도 지속적 발전이 가능한 선진국형 산업이라고 할 수 있다.

뿐만 아니라 항공우주산업은 대표적 민군겸용 기술산업으로서 국방산업을 견인하기 때문에 향후에도 이 분야에서 지속적으로 수요발생이 예상되어 한국의 미래 유망산업으로서의 가치가 충분히 기대되고 있다. 특히 남북 대치상황으로 인해 중국, 일본 등 주변 강대국들의 군사력 증강에 따른 안보 면에서의 대처를 위해 군용 항공기 및 우주관련 제품의 수요가 발생될 것으로 예상되고 있다.

또한, 경제력 향상에 따른 민간 항공우주산업에 있어서의 내수가 계속 증가추세에 있기 때문에 시장규모가 확대될 가능성이 높아질 것으로 예상되고 있으며, 이 외에도 해외에서의 수요도 꾸준히 증가할 가능성이 높아 수출잠재력이 높은 분야이다.

컴퓨터의 발전에 의해 항공우주산업은 컴퓨터와 반도체 등의 비중이 커져 모든 시스템에 응용되는 항공전자의 결정체로서 그 부가가치가 크기 때문에 산업 전반에 지대한 영향을 미칠 것으로 예상된다.

이 책은 항공전자 분야의 전문인력을 양성하는 본 대학 항공전자과 학생들에게 항공전자의 이론을 배제하고 동기유발을 위해 항공전자가 가진 다양한 분야에 대해 설명을 하고, 실제 사용하고 있는 제품에 관해서 구체적으로 알기 쉽도록 해설하였으며, 다음과 같은 특징을 담고 있다.

1. 제1장에서는 항공전자의 개념과 실제 사용하고 있는 주요 항공전자장비를 설명하였다.
2. 제2장에서는 전자정보무기체계, 전자전 장비, 전자전 항공기 및 공중 조기경보 통제기를 실례를 들어 설명하였다.
3. 제3장에서는 항공무장과 방공무장의 개념을 설명하고 실제 사용되고 있는 장비를 해설하였다.
4. 제4장에서는 우리나라의 우주개발에 대한 개요를 소개하고 현재까지 우주개발 추진현황을 알아보고 미래의 우주개발의 전망을 실었다.

이 책을 처음 출판하기 때문에 여러 가지 미비한 점이 많을 것으로 사료되어 계속 수정·보완하고자 하오니 여러 교수님과 선배, 동료 및 학생들의 지적과 조언을 부탁드린다.

끝으로 이 책이 출판에 이르기까지 많이 애써주신 도서출판 상학당의 남승우 사장님을 비롯한 임직원 여러분께 진심으로 감사드린다.

저자 씀

차 례

제1장 ■ 항공전자 일반 ■ 9

제 2 장 ■ 정보 및 전자전 ■ 69

제 3 장 ■ 항공무장 / 방공무장 ■ 157

제 4 장 ■ 한국의 우주개발 ■ 253

제 1 장

항공전자 일반

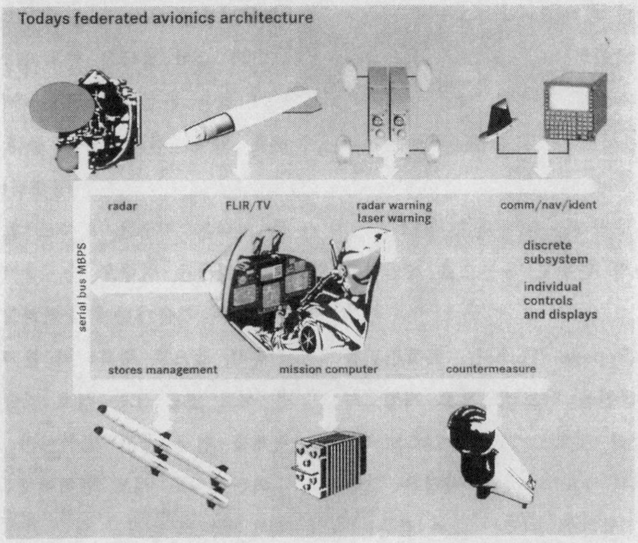

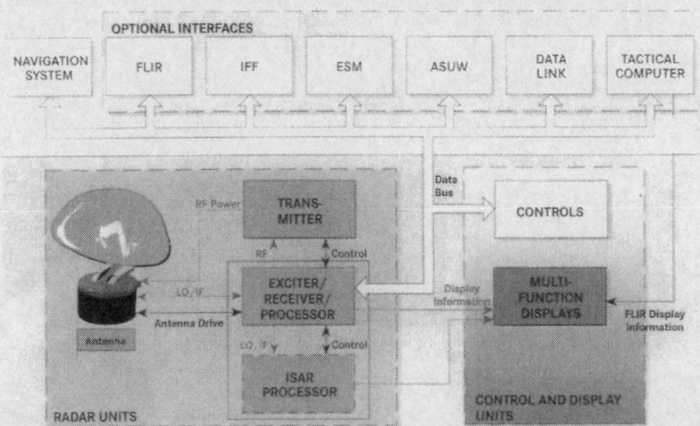

OCEAN MASTER BLOCK DIAGRAM

제 1 절 일 반

1.1. 개 요

'항공전자(avionics)'라 함은 항공(aviation)과 전자(electronics)의 조합어로 항공기 또는 항공우주 관련 제 분야에 이용되고 있는 전자장비체계를 총칭하며 오늘날의 진보된 과학기술은 무기체계 발전의 절대적 요소로 작용하고 있다. 그중에서도 신소재, 유도 및 제어기술, 컴퓨터, 전자광학 레이저 등 첨단기술은 항공전자 분야에 선도적 역할을 수행하고 있다.

무선통신을 주축으로 하는 전자기술의 발달은 통신기기 및 항법기기 등 전자통신장비의 필요성을 대두시켰으며, 특히 제2차 세계대전의 부산물인 레이더는 항공전자 분야가 발전하는 데 크게 기여하게 되었다.

전자장비가 임무에 따라 다용도화되면서 컴퓨터 응용기술이 도입되고, 반도체가 출현하게 됨으로써 첨단기술의 발전은 가속화되고 있다.

장차 마이크로칩의 소형화와 대용량화가 이루어지면서 신뢰도가 높은 전자시스템이 개발될 것으로 예상된다.

또한 장파장의 적외선 센서를 이용 전자신호의 방출 없이 기존 레이더보다 원거리에서 공대공, 공대지 표적을 탐지, 추적하는 IRST(Infra-Red Search and Track) 시스템과 거리측정 시 사용되는 LRF(Laser Range Finder)는 최신항공기에 보편화되고 있으며, 유도탄 접근 경고장치로 항공기를 향해 날아오는 적 지대공 유도탄의 위치를 파악하여 고출력 적외선 또는 레이저 빔을 주사함으로써 적의 미사일 탐지기를 파괴, 더 이상의 추적을 거부하는 DIRCM(Directional IRCM), ATIRCM(Advanced Threat IRCM) 장비 등이 개발 중에 있다.

미국의 고성능전투기(ATF) 개발계획을 보면 항공전자 시스템 개발에 투자된 비용의 42%를 차지하고 있는데, 즉 초고속 집적회로(VHSIC : Very High Speed Integrated Circuit)나 마이크로파 및 밀리파 집적회로(MMIC : Micro-Wave And Mili-Wave Integrated Circuit) 등으로 구성된 부품을 사용하며 마이크로컴퓨터로 구성되는 분산시스템으로 이루어져 있다.

항공전자기술의 발전은 항공기로부터 조종사에 전달되는 정보와 조종사가 항공기에 지시할 정보의 양이 과다해짐에 따라 조종사의 업무량을 감소시키는 방향으로 발전하게 될 것이다.

1.2. 분류(기능별 우선순위)

항공전자장비는 그 장비가 가지고 있는 고유한 기능적인 측면과 그 기능을 구체적으로 틀과 모양으로 정형화시켜 사용자로 하여금 기능에 맞는 결과를 얻을 수 있는 형태로 분류할 수 있다.

특히 항공작전운용에 따른 제반 항공전자장비를 분류해 보면 다음과 같다.

<표 1-1> 항공작전운용에 의한 장비분류

기 능 별(Function)	형 태 별(System)
탐 색 식 별 장 비 (Search & Identification)	레이더(Radar) 피아식별장비(IFF) 적외선 탐색식별장비(IRST)
시 현 장 비 (Display)	전방시현장비(HUD) 하방시현장비(HDD) 수평시현장비(HLD) 헬멧장착장비(HMD)
항 법 보 조 장 비 (Navigation Aid)	탑재장비(airborne) 지상장비(ground)

기 능 별(Function)	형 태 별(System)
항 법 공 격 장 비 (Nav. & Attack)	레이저 유도장비(Laser) 적외선장비(FLIR) 항법공격장비(INAS)
전 자 전 장 비 (Electronic Warfare)	전자전 지원수단(ES) 전자방해수단(EA) 전자방해 방어수단(EP)
통 신 장 비 (Communication)	탑재장비(Airborne) : HF, VHF, UHF 데이터 링크
정 찰 장 비 (Reconnaissance)	영상정보장비(IMINT) 통신정보장치(COMINT) 전자정보장비(ELINT) 정찰위성
임 무 지 원 장 비 (Mission Upport)	탑재장비(Airborne) 지상모의장비(Simulator)

1.3. 장비 명명법

현재 군에서 사용하고 있는 통신전자장비는 미국의 3군 합동 통신전자장비 명명법에 따라 그 명칭이 부여되고 있다. 3군 합동 통신전자 명명법을 AN 명명법이라고도 하며 이에 따른 통신전자장비 명칭의 구조는 다음과 같다.

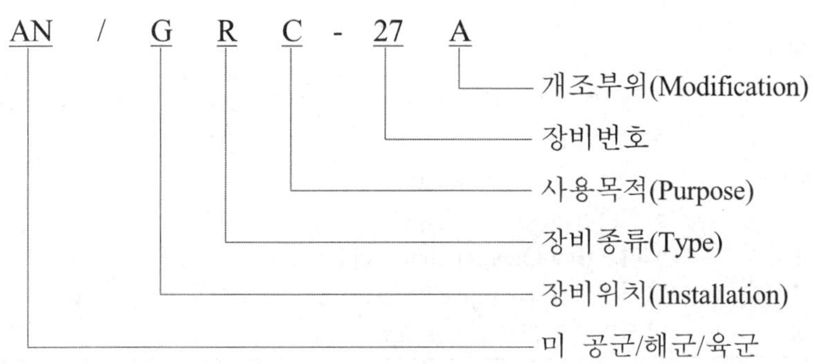

1. 장비위치

장비가 부착되어 있는 곳(항공기, 차량, 지/해상 등)을 나타낸다.

<표 1-2> 장비의 설치장소별 분류

알 파 벳	의 미
A	유인항공기(Pilot Aircraft)
B	잠수함(Submarine)
D	무인항공기(Pilotless Aircraft Dron)
F	고정(Fixed), 지상(Ground)
G	일반적으로 지상용(General Ground Use)
K	육 · 해 공동(Amphibious)
M	이동용(Mobile), 지상(Ground)
P	휴대용(Portable)
S	수상(Water)
T	수송 가능한(Transportable), 지상(Ground)
U	잡용(Utility)
V	차량탑재용, 지상(Vehicular, Ground)
W	수상/해저 겸용(Watersurface/Underwater Combination)
Z	유인/무인항공기 겸용(Piloted/Pilotless A/C Combination)

2. 장비종류

그 장비가 가지고 있는 고유한 기능적 측면을 나타낸다.

<표 1-3> 장비의 고유기능별 분류

알 파 벳	의 미
A	눈에 보이지 않는 광선/열선방사체(Invisible Light/Heat Radiation)
C	운반체(Carrier)
D	방사는 탐지장비(Radiac)
G	전신(Telegraph Teletype)
I	인터폰(Interphone/Public Address)
J	전기기계(Electromechanical/Wire)
K	원격계측기(Telemetering)

알 파 벳	의 미
L	대응책(Countmeasure)
M	기상(Meteorological)
N	공중음파(Sound In Air)
P	레이더(Radar)
Q	소나/수중음파(Sonar/Underwater Sound)
R	라디오(Radio)
S	특수/복합형태(Special/Combination Of Type)
T	유선전화(Telephone/Wire)
V	가시광선(Visual/Visual Light)
W	무장(Armament)
X	팩시밀리/텔레비전(Facsimile/Television)
Y	자료처리(Data-Processing)

3. 사용목적

장비가 어떠한 목적으로 사용되고 있는가를 나타낸다.

<표 1-4> 장비의 사용목적에 따른 분류

알 파 벳	의 미
B	폭격(Bombing)
C	통신(Communication)
D	방향탐지/정찰/감시(Direction-Finding/Reconnaissance/Surveillance
E	비상탈출/투하(Ejection/Release)
G	화력제어/탐색등 방향(Fire Control/Searchlight Direction)
H	기록재생(Recording/Reproducing)
K	계산(Computing)
M	정비/시험(Maintenance/Test Assemblies)
N	항법보조(Navaid)
Q	특수/다목적(Special/Combination Of Purpose)
R	수신/수동/탐지(Receiving/Passive/Detecting)
S	탐지/거리 및 방향/탐색(Detecting Range And Bearing/Search)
T	송신(Transmitting)
W	자동/원격조정(Automatic/Remote Control)
X	식별/확인(Identification/Recognition)

제 2 절 주요 항공전자장비

2.1. 탐색식별장비

1. 개 요

탐색식별장비는 박쥐가 어두운 동굴 속에서 벽면에 부딪치지 않고 날아다니면서 먹이를 잡아먹는 데서 힌트를 얻어 개발하게 되었다. 탐색식별장비의 총아는 단연 레이더(Radar)라 할 수 있다. 레이더는 사람의 눈으로 볼 수 있는 범위를 증대시키고 나아가서 눈의 기능으로 할 수 없는 캄캄한 밤중이나 눈, 비 속에서도 목표물을 식별하여 볼 수 있다.

1886년 헤르츠(Heinrich Hertz)는 전파가 금속 또는 유전체 표면에 부딪쳐 반사되는 현상을 처음 인지하였고, 1903년 독일의 Nulsmeyer가 최초로 반사되어 돌아오는 전파를 탐지하는 데 성공하였다.

이후 1922년 미 해군연구소(NRL : Naval Research Laboratory)에 의해 목선에서 반사되어 오는 전파를 탐지하는 데 성공하였으며, 1933년 33MHz 주파수를 사용 2마일 떨어진 거리에서 항공기를 탐지하는 데 성공하게 된다. 1940년 미 해군에 의해서 레이더(RADAR : Radio Detection and Range)란 용어가 공식적으로 사용되게 되었고, 제2차 대전 중 레이더에 비콘(Beacon)을 장착하여 아군기와 적기를 식별하는 장비가 개발되었으며, 오늘날 피아식별장비(IFF/SIF)를 추가하여 적의 역이용 방지를 위한 모드(Mode) 4 장비 개발에 이르게 되었다.

현대의 레이더는 용도에 따라 다양하게 개발되었으며 특히 위상배열 레이더는 여러 가지 기능을 동시에 수행할 수 있다. 또한 전리층 반사를 이용 지평선 너머까지 탐지가 가능한 레이더 등 고성능화되어 가고 있으며, 항공기 탑재 레이더의 경우 미국이 개발하고 있는 차세대 전투기의 탑재레이더를 보면 현용 전투기의 레이더보다 월등히 우수하여 표적 탐지거리가 100nm을 능가하고 다수의 목표물을 동시에 탐색추적함은 물론 새로운 목표탐색을 동시에 수행할 수도 있는 레이더가 개발되고 있다.

2. 레이더 원리 일반

레이더란 '전파의 방사기에 의하여 생긴 반사파를 이용하여 목표의 존재와 위치를 탐지하는 무선장치'라고 간단히 정의할 수 있는데, 원리적으로는 짧고 강한 펄스 전파 빔을 목표물에 쏘아 그 반사파가 레이더 안테나로 돌아오는 시간을 측정하여 2차원 영상을 구현하는 장치라 할 수 있다. 즉 전파의 직진성을 이용하여 목표물의 방위를 구하고 또 정속성을 이용하여 반사된 전파의 왕복시간을 계산하여 그 거리를 산출한다. 레이더는 전파의 반사 및 재방사성을 이용하여 공간상의 목표물 위치를 파악하기 때문에 전파의 발신과 수신은 모두 동일 장소에서 이루어져야 한다.

레이더에 사용되는 무선주파수의 특성은 다음과 같다

- 직진한다.
- 물체에 부딪치면 반사한다.
- 빔(Beam)화할 수 있다.
- 광속(光速)과 같다.

레이더의 궁극적인 목적은 인간이 주위를 볼 수 있는 눈의 능력을 증대시키는 것인바 전파를 이용하여 어두운 야간이나 구름, 안개, 비, 눈 등의 악기상 조건하에서도 가시거리 밖의 물체를 볼 수 있게 한다.

레이더라고 해서 무한대의 거리로 무제한적으로 물체를 볼 수 있는 것은 아니다. 즉 전파의 특성으로 인한 제한요소가 있는데, 레이더가 물체를 보기 위해서는 다음과 같은 조건들이 갖추어져야 한다.

첫째, 레이더 장비와 목표물 간에 전파를 차단하는 방해물이 없어야 하는데 이는 레이더 전파가 갖는 직진성에 기인한 것이다. 산과 같은 지형적 차폐물 배후부분은 볼 수가 없으며 채프와 같은 인위적인 차폐물에 의해서도 시야는 가려지게 된다. 인위적인 차폐물에는 일반적으로 금속성의 물질이 사용되는데 금속성 물질은 전도율이 좋아 전파의 반사가 강하기 때문이다. 레이더는 또한 지형적 차폐가 없는 해수면 상에서도 가시거리의 제한을 받는바 이는 지구가 둥근 구형이기 때문이며, 해안에 설치된 레이더는 아무리 성능이 좋아도 비행기가 해수면 상공 150m(500ft) 고도로 비행 시 60km(32nm)까지밖에 탐지할 수 없다. 따라서 통상 지상레이더는 높은 산이나 기구 등 주변의 표고보다 상대적으로 높은 곳에 설치하는 것이다.

그러나 최근 레이더는 전리층의 반사를 이용하여 지형적인 영향을 극복, 사각지역을 탐지할 수 있게끔 연구, 개발되고 있다.

둘째, 목표물은 자체 레이더 성능상의 최대거리탐지 내에 있어야 한다. 이는 전파에너지가 이동 중 감소하기 때문인데 최대탐지거리는 레이더 장비의 출력에 비례하여 증가한다. 그러나 전파의 감쇄율은 기상상태에 따라 변화가 심하고 지구자전 등의 요인에 의해 성능상의 최대탐지거리를 간단히 결정하기는 어렵다(특정 레이더의 최대탐지거리는 출력, 주파수, 레이더 단면적, 대기상태 등 여러 가지 요인에 의해 결정됨).

셋째, 목표물은 최소탐지거리보다 먼 곳에 위치해야 하는데 최소탐지거리는 레이더 펄스폭에 따라 다르나 대체적으로 50～70m 정도이다.

넷째, 특정한 사물을 탐지하기 위해서는 그 목표물은 주위사물보다 강한 반사에너지를 가져야 한다는 것 등이다.

(1) 레이더의 기본 6부분

□ 동력공급기(Power Supply)

레이더 구성부분의 모든 곳에 그 장비를 작동시키는 데 필요한 교류 및 직류의 전력을 공급한다.

□ 동기기(Synchronizer)

동력기나 송신기, 수신기, 안테나, 표시기의 일부가 될 수 있으며, 각 맥동의 시간과 표시기와 음극선관의 스윕(Sweep)에 동시성을 부여한다. 이것은 송신기와 표시기의 정확도를 보장하며 안테나에서 발사되는 맥동의 주파수를 결정한다. 또한 각 부분에 연결된 모든 회로가 일정한 시간관계로서 작동되는 것을 보장한다.

□ 송신기(Transmitter)

짧고 강한 무선주파수 세력을 만들어 안테나로 보낸다. 여기서 사용하는 주파수 범위는 다음과 같다.

〈표 1-5〉 주파수의 분류

표 준 주 파 수		표 준 주 파 수	
B A N D	주 파 수	B A N D	주 파 수
A	0～250MHz	H	6,000～8,000MHz
B	250～500MHz	I	8,000～10,000MHz
C	500～1,000MHz	J	10～20GHz
D	1,000～2,000MHz	K	20～40GHz
E	2,000～3,000MHz	L	40～60GHz
F	3,000～4,000MHz	M	60～100GHz
G	4,000～6,000MHz	N	100～200GHz

□ 안테나(Antenna)

무선주파수 세력을 송신기로부터 받아서 이것을 지향성이 큰 빔(Beam)으로 복사시키고 반사파를 수신하여 수신기로 보낸다.

□ 수신기(Receiver)

공중으로부터 돌아온 반사파를 증폭하고 검파하여 영상신호를 만든 다음 표시기로 보내며, 고주파 증폭단 혼합기, 중간주파 증폭단 검파기 등으로 구성되어 있다.

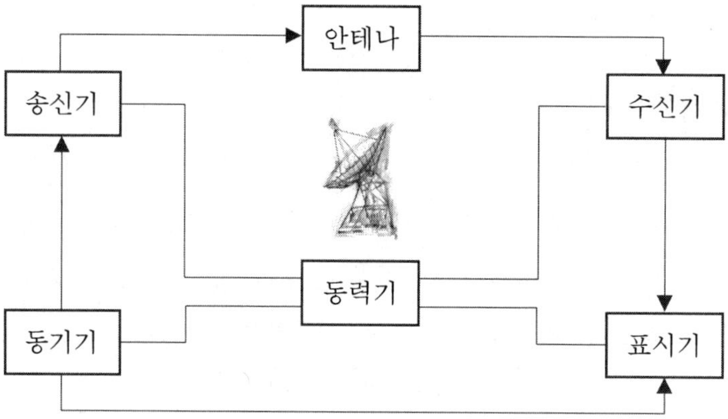

[그림 1-1] 기본 계통도

□ **표시기(Indicator)**

수신기로부터 받아들인 신호를 음극선관(CRT : Cathode-Ray Tube)으로 공급하여 육안으로 볼 수 있도록 되어 있는 현재위치표시 콘솔(PPI Console : Present Position Indication)은 거리와 방위를 나타내며 탐색용으로 사용한다.

(2) 레이더파의 밴드 구분과 용도

레이더는 그 운용목적에 따라 여러 가지 주파수를 다양하게 사용하게 된다. 이것은 주파수 파장에 따라 전파의 특성에 차이가 있기 때문인데 일반적으로 사용하고 있는 주파수의 구분은 다음과 같다.

레이더 밴드 구분은 1960년대 이후 미국의 표준 레이더파 밴드 기호에 따라 A, B, C, D 등으로 구분하고 있다.

일반적으로 대공 장거리 탐색 레이더인 경우 탐지거리를 증대시키기 위해 비교적 낮은 주파수대역인(파장이 긴) D, E, F 밴드를 사용하고 있으며, 잠수함 잠망경 같은 소형 목표물을 탐색하는 수상탐색 레이더 등은 필요에 따라 레이더 반사파를 최대로 하기 위해 탐색 대상물의 크기에 파장을 맞추어 H 또는 I 밴드 등 높은 주파수대를 사용하고 있다.

또한 사격통제용 추적레이더는 높은 주파수대로 목표물 분해능력을 높이기 위해 I, J 밴드를 사용하고 있다.

참고로 저주파수의 전파는 파장이 길고 대기흡수에 의한 에너지 감쇄율이 적으므로 유효탐지거리가 고주파수보다 긴 장점이 있으며, 고주파수의 전파는 유효거리는 상대적으로 짧으나 빔(beam) 폭이 좁고 지향성이 높아 분해능력이 높은 장점이 있다. 따라서 레이더파 밴드의 선택은 그 레이더의 사용목적 또는 용도에 따라 결정된다.

<표 1-6> 전자파의 구분

전 파	3,000GHz 광 파

<표 1-7> 레이더의 분류(밴드기호)

30Hz 0.25(GHz) 0.5 1 2 3 4 6 8 10 20 40 60 100

A	B	C	D	E	F	H	I	J	K	L	M

3. 레이더의 종류

레이더는 사용목적에 따라 다양한 형태를 취하고 있고 또한 다양한 전파방사 방식을 갖고 있다. 현대의 레이더는 다기능화되어 한 종류로 운용되는 면도 없지 않으나 레이더의 운용양상 및 적용원리를 이해하기 위해 다음 몇 가지 형태로 구분하여 설명하기로 한다.

□ 운용장소에 의한 분류

- 지상레이더/탑재레이더

□ 전파방사에 의한 분류

- 펄스레이더/이동표적 탐지기(MTI : Moving Target Indicator) 펄스레이더

- 지속파 레이더
- 펄스 도플러 레이더

□ 기 타

- 탐색레이더와 고도측정 레이더, 3차원 레이더

(1) 탑재레이더

항공기나 선박에 탑재되어 운용되는 레이더로서 공중 및 해상감시, 항법보조, 사격통제용으로 이용된다. 전투기와 같은 탑재형 레이더는 지상레이더와는 달리 기내 수용공간의 제한으로 소형, 경량화함으로써 정보처리능력이 제한 운용되었으나 현대의 최신전투기는 복수의 다른 방식의 레이더를 탑재하거나 멀티모드 작동 방식으로 다기능화되어 있고 위상배열 안테나의 채택으로 탐색과 추적이 동시에 이루어지고 동시에 다수의 목표물 추적이 가능할 만큼 고성능화되고 있다.

<표 1-8> 탑재레이더의 용도별 분류

구 분	용 도	비 고
탐색/요격(AI) 레이더	· 전방 공중감시/탐색	· 통상 탐색/요격 레이더는 화력통제 기능 보유 · 구형 전투기의 레이더는 화력통제 기능이 제한적임.
화력통제 지원(FCS) 레이더	· 표적추적 · 사격통제 및 유도무기 유도	
지상판독(Ground Mapping) 레이더	· 야간, 악시정시 지형지물 파악 · 지상표적 확인	· 항법보조 및 공격용으로
지형추적 레이더(FTR)	· 항법보조	· 저고도 자동항법에 이용
합성개구 레이더(SAR)	· 지상정찰	· 고성능 정찰항공기에 탑재

* AI : Air Interception
* FCS : Fire Control Support
* TFR : Terrain Following Radar
* SAR : Synthetic Aperture Radar

□ 펄스(Pulse)레이더

레이더 시스템에는 몇 가지 종류가 있는데 이들은 송신기에 각기 다른 종류의 신호를 사용하며, 수신된 반향(反響)에서도 서로 다른 성질을 이용한다.

Pulse란 '펄스' 또는 '맥동'이라는 의미로 해석된다. 즉 레이더에서 방사되는 전자기(電磁氣) 방사의 순간적인 일련의 신호이다.

최초의 레이더 시스템은 펄스레이더로서 2차 대전 중의 거의 모든 레이더 시스템은 이 종류이며, 현재 운용 중인 레이더의 대부분은 원리상으로 거의 같은 펄스 기법을 사용한다. 펄스레이더는 무선에너지 펄스를 송신하고, 표적으로부터의 반사파를 탐지하는데 송신기가 짧은 시간 동안 펄스를 송신한 후 송신기의 작동을 중지하고 수신기로 전환하여 표적으로부터 반사된 펄스를 수신하는 절차로 펄스레이더는 하나의 안테나를 사용한다. 펄스레이더의 기본적인 이점은 거리측정에 대한 시간주기를 얻을 수 있다는 점이다. 거리측정은 표적에 반사되어 돌아온 신호가 레이더에 되돌아오는 시간을 측정함으로써 구할 수 있다. 펄스레이더의 명확한 거리산출 능력은 펄스간격 시간에 의해 제한을 받는다.

□ 이동표적 탐지기(Moving Target Indicator) 펄스레이더

펄스레이더의 단점을 보완하기 위한 레이더로 펄스레이더에 도플러 효과를 이용하여 이동표적 식별을 용이하게 한 레이더이다.

통상 펄스레이더 스코프 상에는 여러 가지의 잡다한 잡상이 나타나 이 잡상 속에 있는 항공기를 정확히 판별할 수 없는 단점이 있다. 이러한 경우 기상상황에 의한 잡상이나 산 따위의 고정물체에 대한 반사파를 소거하면 단지 이동물체만을 식별할 수 있는데, 이때 도플러 효과(Doppler Effect : 소리나 빛이 발원체에서 나와 발원체와 상대적 운동을 하는 관측자에게 도달했을 때 진동수에 차이가 나는 현상)를 이용하면 이동목표물만을 쉽게 찾을 수 있다. 즉 목표물과 레이더 사이에 상대운동이 일어날 때는 그 반사파는 항상 도플러 효과를 받으므로 반사파의 주파수 편의를 검출하여 잡상 속의 이동표적을 검출할 수 있는 것이다.

이 이동표적 탐지기 펄스레이더는 단지 펄스레이더에 고정표적 반사파 소거장치만 부가한 것으로 근본적으로는 펄스레이더이다. 대부분의 지상감시 레이더는 이동표적 탐지기를 적용하고 있으며, 전투기에도 장착되고 있다.

□ 지속파(CW : Continuous Wave) 레이더

펄스레이더는 작은 표적이 주위의 지형적 영향으로 인해 잡상 속에 싸여 있을 경우, 탐지/식별할 수 없는 경우가 있다. 지속파 레이더는 이동표적 지시장치와 같이 이러한 펄스레이더의 결점을 보완하기 위한 것으로 지속적인 전파발사에 의한 도플러 효과를 이용, 이동표적을 탐지한다.

초기의 지속파 레이더는 특성상 목표물의 방위정보와 속도정보를 획득하였지만 현대의 지속파 레이더는 지속파라 할지라도 송신전파에 연속적인 위상변화를 주어 거리정보 획득도 가능하다. 지속파 레이더의 최대단점은 2개의 독립된(송신 및 수신) 안테나를 사용하는 것인데, 이는 전파의 송신이 지속적이므로 1개의 안테나로 송수신이 겸용되지 않기 때문이다.

지속파 레이더의 특성의 특성은 다음과 같다.

- 도플러 효과를 이용한다.
- 송신용 안테나와 수신용 안테나가 별도로 부착되어 있다.
- 기본적인 지속파 시스템은 표적의 거리식별은 불가능하나 근접하고 있는 표적의 속도를 탐지하는 데는 탁월한 성능을 가지고 있다.
- 송신기를 통해 표적을 향해 방사되는 송신주파수와 표적에서 반사되어 수신기로 들어오는 수신주파수를 비교함으로써 표적의 속도를 감지할 수 있다.
- 표적이 움직이면 송수신주파수는 서로 상이하다. 근접하고 있는 표적에서 반사되어 오는 주파수는 송신주파수에 비해 증가되며 멀어

지는 표적에서 반사되어 오는 주파수는 감소한다. 즉 송수신 주파수의 차이는 표적의 속도와 비례한다.

- 도플러 효과를 이용하는 기본적인 지속파 레이더는 거리식별이나 움직임이 없는 표적의 감시에는 제한적이다.
- 송수신기가 근접해 있기 때문에 멀리 있는 표적을 감지하기 위한 고출력 주파수를 얻기가 곤란하다.

□ 펄스 도플러 레이더

이동표적 탐지기 펄스레이더라 할지라도 만약 이동목표가 레이더의 펄스반복주기(PRF : Puls Repetition Frequency)와 같은 도플러 주파수를 갖고 있을 경우 위상변화가 상쇄되어 버려 이동목표임에도 불구하고 소거되어 버린다. 이처럼 도플러 주파수를 갖고 있는 이동목표를 소거시키는 것을 맹목속도(blind speed)라 부르는데 목표 항공기의 레이더에 대한 상대속도가 위의 맹목속도와 일치하면 위상변화에 대한 출력이 제로가 되어 신호가 소거된다.

이러한 펄스 방식 레이더의 필연적 결점인 맹목속도를 방지하기 위해서는 펄스반복기를 일정한 순서에 의해 수시로 바꾸어 주어 이동표적의 검파과정에서의 우연한 소거를 방지해 주는 방식의 레이더를 펄스 도플러 레이더라 하며 이 레이더는 거리와 속도에 대한 정보를 모두 얻고자 할 때 사용한다.

펄스 도플러 레이더는 매우 혼잡한 상황과 밀집된 환경하에서 표적을 발견하고 추적하기 위한 도플러 정보를 얻기 위해 설계되었다.

펄스 도플러 시스템의 중요한 특성은 미리 정해진 진폭하에 신호를 탐지하는 것보다 주파수의 존재 유무를 포착하는 능력이 뛰어나다는 것이다. 펄스 도플러 레이더는 10kHz에서 300kHz 범위의 높은 주파수 반복주기를 갖는다.

펄스 도플러 레이더는 지속파 레이더와 구성은 유사하나 출력 및 탐지거리를 증가시키기 위해 펄스변조를 사용한다.

지속파 레이더는 송수신 안테나가 별개로 구성되어 있으나 펄스 도플러 레이더는 1개의 레이더로 송수신을 겸용한다.

따라서 펄스 도플러 레이더를 장착한 최신의 전투기들은 전투상황에서 적기추적 중에 맹목속도에 의해 표적을 상실하는 경우가 없게 되었다.

□ 위상배열 레이더(Phased Array Radar)

위상배열 레이더는 평면에 배열된 다수(Rafale : 2천개, F-22 : 1천개)의 소형 안테나 소자 각각에 위상변환기를 연결하여 전자빔의 주사를 전자적으로 통제하는 방식의 레이더로 안테나를 기계적으로 움직이지 않고 고정된 상태에서 전자적으로 빔을 주사시키는 레이더이다. 큰 안테나 대신에 여러 개의 소형 안테나를 한 평면에 배치하여 탐지각도와 발신 전파의 위상을 서로 달리함으로써 다수의 목표물에 대한 동시추적 능력을 갖게 되며, 탐색을 하면서도 동시에 추적이 이루어지는 탐색 중 추적능력을 갖게 된다.

위상배열 레이더의 특성은 기계식에 비해 가볍고 작으며, 고장이 적고, 원하는 대로 신속하게 빔 방향전환이 용이(기계식 : 약 0.1초, 전자식 : 약 0.005초)하다.

다양한 형태의 빔을 동일 시간대에 생성함으로써 공대공과 공대지 탐색이 동시에 가능하고 일부분 피탄 파손 시에도 계속 기능이 유지된다.

또한 편대 내 항공기 대수까지 식별이 가능하고 해상도 향상으로 초정밀 표적획득 능력을 보유한 전술적인 운용 효과도 높다.

전투기 중에 장착 운영 중인 기종은 MiG-31, F-22, 라팔(Rafale), 유로전투기(Euro Fighter)이며 앞으로 보편화될 것이다.

반도체 기술의 발달로 안테나 소자의 소형화가 계속 연구되고 항공기 기수, 동체 등의 임의 표면에 극소형의 소자를 배열하여 안테나로 활용하는 등 전방향 탐색/교전, 다수표적 동시 처리, 스텔스화, 적 전파방해 약화, 통신기능 보유 등이 가능한 차세대 레이더의 개발이 진행 중에 있다.

□ 주요 레이더 장비 소개

<표 1-9> 주요 레이더 장비

<table>
<tr><td colspan="2" rowspan="2">탑재레이더</td><td>AN/APQ-109,AN/APQ-120(V)-7,AN/APQ-153/157</td></tr>
<tr><td>AN/APG-63, 65, 66, 67, 68, 70, 71, 73</td></tr>
<tr><td rowspan="3">지 상
레이더</td><td>단 거 리
레 이 더</td><td>쿼드 레이더 MK-V, LAADS, 마르코니 S860, 트랙스타</td></tr>
<tr><td>중장거리
레 이 더</td><td>AN/TPS-73/43, ASTAR-3, HADR, Plessey AR-3D
워치맨 타이거, Trs-200, AN/FPS-117, AN/TPS-65</td></tr>
<tr><td>장 거 리
레 이 더</td><td>Relocatable OTH, AN/FPS-48, 아틀라스 AN/MPS-36
진달래 OTH</td></tr>
</table>

현재 한국군이 운영 중인 레이더는 다음과 같다.

- 공군 : AN/FPS-117E1 장거리 레이더, AN/TPS-65 전방탐지 레이더
  AN/TPS-43F 이동형 레이더(치장상태)
- 해군 : MW-08, STIR 대함 및 대공 레이더
- 육군 : AN/TPQ-36/37 대포병용 레이더, MPS-1 비호 레이더
  VIPER 개량형 발칸 레이더

□ 최신 레이더 장비 소개

<표 1-10> 최신 레이더 장비

<table>
<tr><td colspan="2">구 분</td><td>SU-35</td><td>F-15E</td><td>Rafale</td><td>EF-2000</td></tr>
<tr><td rowspan="4">레
이
더</td><td>안테나 형태</td><td>위상배열</td><td>평면</td><td>위상배열</td><td>평면</td></tr>
<tr><td>스캐닝</td><td>전자식</td><td>기계식</td><td>전자식</td><td>기계식</td></tr>
<tr><td>목표추적(최대)</td><td>15</td><td>10</td><td>40</td><td>8</td></tr>
<tr><td>동시교전(최대)</td><td>4</td><td>8</td><td>4</td><td>8</td></tr>
</table>

장비명칭	구 분	내 용
AN/APQ-153/159	제작회사	미국 에머슨사
	운용기종	F-5E/F-5F
	형태/용도	공대공 화력통제 레이더
	사용 주파수	I 밴드(9.15～9.45GHz)
	최대탐지거리	37km(20nm)
	주요 능력	기본적인 표적탐색, 추적 및 거리 정보제공기능만 보유
	연동사용무장	AIM-9, 20m 기총
	기 타	F-5E/F용으로만 사용
AN/APQ-120(V)	제작회사	미국 웨스팅하우스사
	운용기종	F-4E
	형태/용도	공대공, 공대지 화력통제 레이더
	사용 주파수	I 밴드(8.7～9.4GHz)
	최대탐지거리	370km(200nm)
	주요 능력	· ECM 능력 보유(방해목표물 탐지 및 추적 가능) · 비콘 능력 보유 · 기타 하방탐색 및 공격능력, 다수목표물 동시 교전능력 없음
	연동사용무장	AIM-7E, 기총, AGM-65 및 다수목표물 동시 교전능력 없음
	기 타	일부 회로 디지털 방식 사용
AN/AWG-9 AN/APG-71	제작회사	미국 휴즈사
	운용기종	F-14A(AWG-9), F-14D(APG-71)
	형태/용도	공대공, 공대지 화력통제 레이더
	사용 주파수	J 밴드 (8～12.5GHz)
	최대탐지거리	210km(115nm)

장비명칭	구 분	내 용
AN/AWG-9 AN/APG-71	주요 능력	· 하방탐색 및 공격능력 · 장거리 목표물 동시 교전능력(최대 24개 표적 동시추적 및 8개 표적) · ECCM 능력(APG-71) : 매우 우수 · 지상폭격 및 폭격자료 처리능력
	기 타	· 초고속 집적회로(VHSIC) 사용 · 총생산량 : 300대 이상
AN/APG-66	제작회사	미국 웨스팅하우스사
	운용기종	F-16/A/B/N, A-4, Hawk-2000
	형태/용도	· 공대공, 공대지 겸용 펄스 도플러 화력통제 레이더
	최대탐지거리	148km
	주요 능력	· 하방탐색 및 공격 · ECCM 능력 제한 보유 · 다수목표물 동시 교전능력(최대 10개 포착, 6개 표적 시현)
	연동사용무장	AIM-9, AIM-120, AGM-65
	기 타	· 초고속 집적회로(VHSIC) 사용 · 프로그래밍 가능 신호처리기법 · 총생산량 : 2,500대 이상
AN/APG-68	제작회사	미국 웨스팅하우스사
	운용기종	KF-16C/D
	형태/용도	· 공대공, 공대지 겸용 펄스 도플러 화력통제 레이더
	사용 주파수	9.6～9.9GHz
	최대탐지거리	80nm
	주요 능력	· 장거리 위협감지 능력 · 군집표적에 대한 표적분리 능력 · 가시권 밖의 원거리 폭탄 투하 · 10개 표적 동시추적 능력 보유
	연동사용무장	AIM-9, AIM-120, AGM-65 AIM-54C, AIM-7E/F, AIM-9

장비명칭	구 분	내 용
AN/APG-68	기 타	· APG-71은 AWG-9의 개량형으로 탐색기능, ECCM 기능 등을 보강하고 시스템을 디지털화하였다.
APG-63	제작회사	미국 웨스팅하우스사
	운용기종	F-15E, P-3A
	형태/용도	공대공, 공대지 겸용 펄스 도플러 레이더
	사용 주파수	J 밴드(8~12.5Hz)
	최대탐지거리	160km
	주요 능력	· 하방탐색 및 공격능력 우수 · 10nm 이내 표적 자동포착 · 지상판독 및 자동폭탄 투하
	연동사용무장	AIM-7E, AIM-9L, M-61
	기 타	· 프로그래밍 신호처리 장치와 고속 디지털 컴퓨터 사용
AN/APG-70	제작회사	미국 휴즈사
	운용기종	F-15C/D/E, AC-130U
	형태/용도	F-15E 다목적용으로 개발
	사용 주파수	J 밴드(8~12.5GHz)
	주요 능력	· AN/APG-63의 주요 능력 보유 · 고해상 지상판독 및 장애물 회피 능력 · 프로그래밍 ECCM 능력 보유 · 다수목표물 동시교전 능력 보유
AN/APG-65	제작회사	미국 휴즈사
	운용기종	F/A-18
	형태/용도	공대공, 공대지 멀티모드 펄스 도플러 레이더
	사용 주파수	J 밴드(8~12.5GHz)
	최대탐지거리	204km(110nm)
	주요 능력	· 하방탐색 및 공격 능력 · 다수목표물 동시교전(최대 10 표적 포착, 8개 표적 시현) · ECCM 능력 보유 · 고해상 지상판독, 장애물 회피 및 자동폭격 능력

전자공학기술의 도입(반도체 소자, MMIC : Monolithic Microwave Circuitry)으로 장비의 정밀화, 소형화, 경량화가 이루어지고 있으며, 고속화 및 신뢰도를 높일 수 있는 VLSIC(Very Large Scale IC)와 VHSIC(Very High Speed IC) 사용으로 분산 신호처리 능력이 형상되고 있다.

특히 아날로그 신호처리 기법에서 디지털 신호처리 기법으로의 전환은 더욱 더 탑재레이더의 정밀도 및 신뢰성을 증가시키고 있다.

항공기에 장거리 레이더를 탑재하여 각종 표적물을 탐지, 추적 및 분류하여 적절한 조치를 명령할 수 있는 조기경보통제기(AWACS)가 있으며, 큰 안테나 대신 여러 개의 소형 안테나를 한 평판에 배치하여 전자식 주사방법으로 탐지각도와 발신전파의 위상을 달리함으로써 다수의 목표물에 대한 동시측정 능력을 갖게 되며, TWS(Track While Scan) 능력, 공대지 표적을 추적하면서 공대공 표적을 탐색할 수 있는 위상배열 레이더(Phased Array Radar) 등의 장착이 보편화되고 있다.

□ 차기 전투기 레이더 소개

◆ 일본의 차기 지원 전투기 F-2 레이더

F-2의 핵심장비의 하나라고 할 수 있는 능동위상배열(APA : Active Phased Array) 방식의 화력통제 레이더(FCR)이다. 미쯔비시 전기가 개발한 이 화력통제 레이더에는 미국도 지대한 관심을 기울이고 있다. 미쯔비시 전기가 능동위상배열 레이더의 연구를 개시한 것은 1970년경부터라고 전해지고 있으며, 최초에는 자주연구형태로 출발했다. 능동위상배열 레이더의 연구는 미국도 일본과 같이 일찍부터 시작했지만 실용화한 것은 일본이 최초이며 뒤를 이어 실용화된 항공기가 바로 미 공군의 차기 주력 전투기인 F-22인 것이다.

이 F-22는 웨스팅하우스가 개발한 능동위상배열 방식의 AN/APG-77 화력통제 레이더를 탑재하고 있다. 동일한 위상배열(Phased Array) 레이더에도 수동 방식으로 된 것은 이전부터 실용화되어 있었으며, E-3 AWACS의 다목적 탐색레이더 또는 B-1B 전략폭격기의 APQ-164 공격용 레이더가 그 대표적인 것이다.

기능 등의 세부사항에 대해서는 거의 정보가 없지만 다음과 같이 추정하고 있다

레이더의 운용 모드는 공대공, 공대지(함정) 모드, 항법 모드로 구성되어 있고 F-16를 모방한 공중전(Dog Fighter) 모드를 설치한 것으로 추정된다.

공대공 모드에는 목표탐지 미사일 유도전파 발사(하방탐지 상태의)를 위한 AAM 관제 능력이 있고 펄스 도플러 방식을 채택하고 있기 때문에 저공침입에 대한 하방탐지(Look Down), 하방공격(Shoot Down)이 가능하다.

설치 가능한 것으로 예상되는 공중전 모드라는 것은 근접목표를 자동적으로 포착해서 추적하는 기능을 말한다. 전방시현장비(HUD : Head Up Display)의 시야 내에 있는 목표를 자동적으로 포착하고 추적을 계속하는 것이 가능하며 이때 사용하는 무기는 기총 또는 단거리 사정 미사일이 될 것이다.

공대지(함정) 모드에는 지상으로부터의 거리측정, 지상 해상목표의 탐지 및 추적, 대공 동시 탐색/추적, 폭탄, ASM 등의 화력통제기능이 있다.

항법 모드에는 고분해 능력 지형확대(Ground Up), 지형회피 등의 기능을 가지고 있는 것으로 추정된다.

◆ F-22 전투기 레이더

F-22에서 채택된 신기술 중에서 가장 주목할 만한 것은 능동위상배열 레이더(Active Phased Array Radar)일 것이다. 다수의 방사소자를 하나하나 제어하여 발신하는 전파의 위상(전파의 산과 계곡)을 변화시켜 전파 빔(Beam)의 방향이나 형태를 바꿀 수 있는 레이더이다. 전파의 방사 타이밍은 컴퓨터로 정밀하게 조절되며, 이 때문에 이 레이더를 전자주사 레이더라고도 부른다.

일반 전투기의 화력제어 레이더는 평판 또는 접시형 안테나를 갖고 있는데 빔 형태는 하나뿐이고, 빔의 수도 하나여서 안테나를 상하좌우로 돌려가면서 전방을 탐색한다. 그러나 이 레이더로는 몇 개의 목표를

동시에 추적할 수는 없다. 차세대 전투기 레이더에는 목표추적과 새로운 목표탐색을 동시에 수행할 수 있게 되어 있으나 이것은 목표물에 대한 데이터를 컴퓨터로 처리하여 행하는 것으로 복수의 빔을 다루는 것은 아니다.

위상배열 레이더의 경우, 빔에는 관성이 없기 때문에 이론상으로는 매우 빨리 빔을 돌릴 수 있다. 예를 들면 광역의 목표탐색을 위한 팬빔, 지형회피를 위한 수평 빔 등을 단일 안테나로 필요하다면 동시에 발신할 수도 있다.

이 레이더에서는 어느 정도 빔의 형태마저 바꿀 수도 있다. 예를 들면 발신 타이밍을 중심부의 방소자에서는 아주 빠르게, 주변부에서는 아주 느리게 하면 펼쳐진 빔이 형성된다. 그 반대로 하면 가늘고 좁은 빔을 동시에 여러 방향으로 방사할 수도 있다.

위상배열 레이더의 또 한 가지 이점은 방소자가 고장 또는 파괴되어도 그 능력은 서서히 저하될 뿐 여간해서 사용에 지장이 생기지 않는다는 점이다.

◆ **발전추세 및 전망**

레이더 장비는 고해상도 지형추적과 지면 표적화면 제공능력 및 공대공, 공대지 모드에서의 자동추적기능과 더불어 내부 표적추적 시스템(ITS : Internal Targetting System) 기능을 추가, 내장형 자동 지형추적장치로서 기존의 LANTIRN과 동일 기능을 보유하게 될 전망이다. 그리고 다수의 작은 안테나 집합으로 구성되어 여러 표적을 동시에 추적하며 많은 정보를 획득할 수 있는 위상배열 레이더가 보편화될 것이다.

위상배열 레이더에 의한 공대지 공격 중 공대공 상황파악 및 전장 상황의 정확한 파악능력의 향상 등 전술적 운용 효과가 기대된다.

반도체 기술의 발달로 안테나 소자의 소형화가 계속됨으로써 항공기의 기수 또는 동체 등의 임의 표면에 극소형의 소자를 배열하여 안테나로 활용하게 될 것이다. 또한 전방향 센서 탐색 및 교전, 다수표적 동시

처리, 스텔스화, 적 전파방해 약화, 통신기능 보유 등이 가능한 차세대 레이더 개발과 전자적으로 표면의 색을 변화시켜 시각적으로 분간이 어렵도록 하는 스마트한 표면 개발이 추진되고 있다.

(2) 적외선 탐지와 추적(IRST : Infra-Red Search & Track)

□ 개 요

장파의 적외선 센서를 이용하여 기존의 레이더보다 원거리에서 표적을 탐지, 추적하는 장비를 말한다.

개발경위를 보면 1987년 미 해공군이 공동으로 개발을 시작, 미 해군은 F-14용으로 1994년까지 시제품을 3대 제작하여 1990년 최초 시험비행 후 1994년 2월 작전에 투입 운영 중에 있다.

□ 장비제원 및 성능

<표 1-11> 제 원

구 분	센서 헤더	장 치
크 기	직경 : 23cm 길이 : 91.5cm	너비 : 19.2cm 높이 : 19.4cm 길이 : 48.4cm
중 량	43kg	17.2kg

<표 1-12> 성 능

구 분	성 능	비 고
탐 지 거 리	정면 : 80nm	
	측면 : 100nm	
탐 지 방 위	수평 : 80	레이더 : 60
	수직 : 70	
해상도	항공기 대수파악 : 가능	다수의 항공기가 밀집해 있을 경우 레이더의 4배
	항공기 식별 : 가능	

레이더와 달리 탐색 시 전파를 사용하지 않기 때문에 적에게 노출되지 않으며 레이더 탐색거리보다 원거리에서 적은 RCS를 가진 항공기의 탐색이 가능하며 탐색범위가 기존의 레이더 탐색범위보다 크므로 강력한 ECM 능력과 스텔스 능력을 가진 적의 레이더 대응전술을 무력화시킬 수 있는 장비라고 말할 수 있다.

<표 1-13> 레이더/IRST 통합운용 기대효과

구 분	레 이 더 우 세	I R S T 우 세
악 기 상	■	
전 파 무 방 출		■
최 소 노 출		■
ECM/스텔스 탐지		■
하 방 감 시	■	
상방감시/해상도		■
고도판정		■
거리판정	■	
채프 대응		■
플레어 대응	■	

* IRST 장착 전투기 : EF-2000, Su-35, Rafale, Su-27

2.2. 조종석 시현장비

1. 개 요

항공기의 발달로 인해 시스템이 복잡화되면서 조종석 계기류 증가로 인한 효과적인 시현방법이 항공기 설계에 큰 비중을 차지하게 되었으며, 특히 새로운 기술을 도입할 차기세대의 전투기는 거의 단좌로 개발되기 때문에 집합 계기의 필요성이 각별히 요구되고 있다.

이에 따라 초기에는 아날로그 계기(Analog Instruments)에서 디지털 계기(Digital Instruments)로 발전하면서 좁은 조종석 내에서의 각종 자료의 시현은 어느 정도 이루어졌으나, 시현계통의 혁명적 변화를 가져온 것은 전방시현장비(HUD : Head-Up Display)이며 이는 디지털 계기의 뒤를 이어 전투기에 있어서 중요한 위치를 차지하게 되었다.

<표 1-14> 개발현황

명 칭	제작국/회사	사용국/군	IFOV	비 고
DHUD	미국/GEC 항 공 사	미국/공군	30°×20°	· F-15E와 F-16C용으로 LANTRIN 장비에도 사용
HUD	미국/GEC 항 공 사	미국/공군	20°×15°	· F-16C/D와 A-7D/K용
HUD	영국/스미스 인더스트리	미국/해병대	20°×15°	· 야간공격용 AV-8B 헤리어 ⅡD용

2. 주요 시현장비

(1) 전방시현장비(HUD : Head-Up Display)

조종사가 비행에 필요한 최소한의 정보를 조종석 계기에 의존하지 않고 전방을 보는 상황하에서 얻을 수 있도록 한다는 목적에서 개발되었으며, 심벌, 숫자정보, 영상정보의 융합화라고 하는 점에서 획기적인 기술로 알려져 있고, IFOV(Instantaneous Field Of View) 즉, 조종사의 눈으로 한 번에 보고 정보를 파악할 수 있는 범위를 확대하는 것이 전방시현장비(HUD) 개량의 목표가 되고 있다.

(2) 하방시현장비(HDD : Head-Down Display)

전방시현장비(HUD)에 뒤이어 개발된 것으로 계기의 하반부에 설치된 장비로 HUD, HLD 등과 함께 복합 운용되고 있는 추세이다.

[그림 1-2] 수평시현장비

(3) 수평시현장비(HLD : Head-Level Display)

비교적 새로운 시현장비로 HUD의 아래, HDD의 위, 조종사 얼굴 약간 아래에 배치되어 주로 타 장비, HUD 및 HD 등과 복합 운용되고 있는데, 미라주(Mirage) 2000, 3, 5와 라팔(Rafale)은 HLD에 FLIR 영상을 투영하고 있다.

<표 1-15> 개발현황

명 칭	사용국/군	IFOV	비 고
HLD	미 국		· F/A-18에 사용
TMM 1410	프랑스	14°×10°	· 단색형 · Mirage 2000, −3, 5에 사용
TMC 2020	〃	20°×20°	· Color형으로 현재 개발 중 · Rafale에 장착 예정

(4) 헬멧장착 시현장비(HMD : Helmet Mounted Display)

HUD를 포함한 종래의 시현장치는 모두가 기체에 고정되어 있어 조종사가 머리와 시선을 움직이면 그 정보가 보이지 않게 되는 단점이 있어 이를 조종사의 시야 속에 표시하고자 개발된 장비로서 조종사는 속도, 고도 등 중요한 정보를 항시 볼 수 있으며 표시되는 심벌에서 시선이 향하는 방향의 사물들을 즉각 볼 수 있고 동시에 레이저 조사장치와 목표물 추적상실(Off-Bore Sight) 능력을 가진 미사일(AA-11, ASRAAM, Python-4)을 지향 시 생존성 및 공격능력이 향상된다. 그리고 HMD를 사용하면 적외선 탐지기를 표적에 표착할 수 있어 적기보다 먼저 미사일 공격을 할 수 있다.

(5) 다기능시현장비(MFD : Multifunction Display)

전방시현장비와 분리된 또 하나의 시현장비로 다기능시현장비가 있는데, 이는 전방시현장비보다 종합적이고 더 구체적인 시현장비로 레이더, 적외선 등의 영상정보 및 심벌과 숫자로 표시되는 제반 비행정보 사항을 제시해 준다.

화면 양측에 다양한 동작 버튼과 함께 스크린으로 되어 있어 조종사는 필요에 따라 각각의 동작 버튼을 작동하여 스크린 상에 전시되는 장면을 변경할 수 있다.

현대 전투기의 조종석은 불필요한 계기류를 줄이고 대형화된 다기능시현장비에 다양한 정보사항을 시현해 주는 추세이며 전달정보의 범위를 증가시키기 위해 지상의 지형과 입력된 지도 영상 등을 컬러로 시현하고 있다. 컬러 영상시현에 있어 단지 문제가 되는 것은 대형 컬러 시현장치를 사용 시 중량이 증가한다는 것과 밝은 햇빛에서의 성능장애가 발생하는 정도인데 이것은 플라스마 또는 액정 크리스털 기법을 적용한 평판식 시현장치 및 여러 영상 구성을 이용하는 시현장치가 현실화되고 있다.

최신 전투기의 발전추세는 통합 시현장치로 구성되고 대형 컬러 디스플레이를 장착하고 있다.

<표 1-16> 다기능시현장비

명 칭	제작국/회사	사용국/군	IFOV	비 고
애자일 아이(Agile Eye)	미국/맥도널 더글러스와 카이저 전자회사	미국/해군		· 미 해군이 사용 중인 표준형 HGU-33/P 헬멧의 중량 1.7kg보다 가벼운 1.43kg
나이트 아이(Night Eye) 호크 아이(Hawk Eye) 스트라이크 아이 (Strike Eye) 와이드 아이(Wide Eye)	미국/카이저			· 애자일 아이를 바탕으로 한 카이저 사의 파생형
팰컨 아이(Falcon Eye)	미국/제너럴 다이내믹스	미국/공군	30°	· F-16에 사용, 적외선 영상을 시현코자 시도 중인 장비
DASH	이스라엘/ELBIT	이스라엘		· 이스라엘 F-16에 사용

[그림 1-3] 디지털 지도

3. 발전추세 및 전망

조종석 시현장비는 지도와 FLIR, 속도, 방향, 적의 위치 등의 정보를 포함, 색으로 구별해서 표시하는 기술이 도입되고 있어 정보시현기술이 한층 더 향상되고 있다.

다기능시현장비(MFD), 일명 다목적 컬러 디스플레이(MPCD) 장치는 영상, 심벌, 숫자 등 컴퓨터로 처리된 정보를 표시하는 장치로서, Soft Key로 각각의 정보가 표시 가능하며, 일부 고장 시에도 중복성이 있어 사용 폭이 확대되고 있다. 또한 조종석의 중량 및 용적 축소를 위해 액체를 사용한 디스플레이 방식인 평판 스크린, 또는 평판 디스플레이 등을 사용하는 경향으로 발전하고 있다.

현재 차세대 ATF용으로 개발되고 있는 슈퍼 콕핏(Super Cockpit) 계획은 미 공군 항공전자 연구소가 맥도널 더글러스사와 계약하여 모든 필요한 정보를 시현하고 음성, 터치스크린, 머리 움직임 등으로 지령제어를 실현한다는 획기적인 계획으로 복수의 MDF를 사용하여 상호 보완적으로 작동, 일부분 고장 시에도 지장이 없도록 하고, 디스플레이 방식 대신, 공간에 인공적인 무한대의 초점을 가진 3차원 영상을 시현하는 등의 기술이 포함되어 있다.

이러한 우수 조종실은 종래의 조종실과 비교해서 하드웨어의 수가 감소하므로 신뢰도가 오히려 향상되고 대폭적인 자기진단 시스템의 도입으로 정비도 간단하고 쉬워질 전망이다.

군용기에 사용되고 있는 전시기로는 HUD(Head-Up Displays), MFD (Multifuction Displays), HMD(Helmet-Mounted Display) 등이 있다.

HUD는 현재 전투기의 주 비행계기로 운용되고 있으나 앞으로는 HMD가 그 기능을 대신할 것으로 예상되며, HUD의 주 제한점은 좁은 시계(Field Of View)이다. 조종사가 HUD의 시계를 벗어나면 정보를 상실하게 된다.

공중전에서 표적은 임의의 방향에서 출현이 가능하다. 그리고 HUD의 시계가 레이더나 미사일의 시계보다 좁아 시계에 벗어난 표적은 무장 발사 전 항공기를 기동해야 한다. HMD는 조종사에게 보다 향상된 상황 인식 능력을 제공할 수 있을 것으로 기대된다.

조종사는 어느 방향을 보든지 상관없이 HUD에 전시된 심벌을 HMD에서 볼 수 있다.

조종사는 머리를 움직여 표적을 쉽게 지정할 수 있고, 항공기 기동을 쉽게 지정할 수 있으며, 항공기의 기동을 최소화하면서 헤드 트래커(Head Tracker)에 의해 머리 위치에 항공기, 센서, 무장 등을 연동시킬 수 있다.

HMD는 거리정보가 허용치 않아 무장을 발사하기 전 조종사가 유효거리 내인지 평가해야 한다. 그리고 헬멧 무게를 감소시키는 노력이 시도되고 있지만, 정보를 투사하기 위해 필요한 CRT 내장 때문에 현재는 헬멧 무게가 문제점이며, 음성입력과 3차원 사운드와의 연동연구가 진행 중에 있다.

2.3. 항법보조장비

1. 개 요

항법보조장비(Navigation Aids)는 미국에서 우편물 수송용 항공기를 위해 지상에 설치된 항로표시등(Airway Beacon Light)에서 출발하였다.

1930년 Ford사에 의해서 저주파를 이용한 무선유도 시스템이 개발되었고, 이어 200~415kHz의 주파수대를 이용한 무지향성 비콘(NDB : Non-Directional Beacon)이 개발되었으며, 108.0~117.9MHz의 주파수를 이용한 신뢰도가 높은 VOR(Very High Frequency Omnirange)이 개발되었는데, VOR은 단지 방향만을 제시해 줄 수밖에 없어 항공기와 기지 간의 거리를 측정해 주는 거리측정장비 DME(Distance Measuring Equipment)가 개발되게 되었다.

야간 및 악천후 시 항공기를 안전하게 운용하기 위한 접근 및 착륙지원 ILS(Instrument Landing System)가 개발되어 오늘날 사용되고 있다.

2. 주요 항법보조장비 현황

<표 1-17> 주요 항법보조장비

NDB	AN/URN-5, T-1428/FRN
TACAN	AN/GRN-9C, AN/TRN-31, AN/URN-20, AN/FRN-45, AN/ARN-118, AN/RN-152
ILS	LOC(AN/MRN-7), G/S(AN/MRN-8), M/B(RC-115)
VOR	AN/ARN-41
MLS	AN/TRN-30
DME	MARK-III

* TACAN(UHF Tactical Air Navigation) : UHF 전술항법장비
* ILS (Instrument Landing System) : 계기착륙장치
* VOR(VHF Omnidirectional Range) : VHF 전방향 무선표식
* MLS(Microwave Landing System) : 마이크로웨이브 착륙장치

3. 발전추세 및 전망

항법보조장비는 모듈식 설계로 정비용이성(정비시간 단축) 및 신뢰성을 증가시키고 있으며 최신 전자공학기술 도입으로 소형화, 경량화시키고 있고, 아날로그 시스템에서 디지털 시스템으로 변화하는 추세에 있다.

기존 ILS의 단점 보완을 위한 마이크로웨이브 착륙장비(MLS)가 개발되어 실용화되고 있고, 하나의 장비로 방위와 거리를 동시에 나타낼 수 있는 장비의 증가가 계속되고 있고, 인공위성으로부터 항법자료를 제공받아 안전, 신속, 정확하게 항해할 수 있는 GPS(Global Positioning System) 활용이 일반화되고 있는 추세이다.

기술적 측면에서 항법보조장비는 최신 전자광학기술을 적용, 하나의 장비로 방위와 거리는 물론 필요정보를 동시에 제공하는 방향으로 나아가고 있다.

기능적 측면에서는 적의 레이더 탐지를 회피하기 위한 저고도 침투 및 전천후 사용이 가능하고, 컴퓨터 및 무장유도장비와 연동되어 순수 항법장비와 공격장비의 기능이 통합되어 KF-16에 운용되고 있다.

조종사는 항공전자 시스템의 관리자 역할과 비행을 비롯한 임무수행에 필요한 의사결정을 담당하고 시스템은 어느 정도 자동화되어 여러 기능들을 수행하면서 조종사가 올바른 의사결정을 하도록 역할을 담당하게 될 것으로 기대된다.

2.4. J-TIDS

1. 개 요

향후 지 해상 및 공중 통신체계는 지 해상 및 공중 레이더 감시체계 등의 센서들이 전투기, 지휘통제장비, 공중조기경보 등에 표적에 대한 자료를 입력해 주는 다중수신 디지털 데이터링크(Multipoint Digital Data Link) 시스템 체계로 발전되는 추세이다.

2. 일반사항

J-TIDS에 의해 제공되는 정보는 다음과 같다.

- 대재밍 비화능력을 보유한 VHF 통신장비로 자료 및 음성통신
- 상황인지
- 적아식별
- 항법
- 메시지 및 송신 보안
- 자동 메시지 송수신
- TACAN 거리/방위 처리
- 상호운용성

J-TIDS와 항공기 간 연동은 다음과 같다.

• 조건
  다기능시현장비(MFD : Multi-Function Display) 및 1553 MUX BUS
• J-TIDS 장비장착 항공기
  전투기 : F-14D, F-15, F/A-18, Tornado(ADV)
  기 타 : E-3 AWACS, E-2C, J-STARS

3. 발전추세 및 전망

J-TIDS는 급격하게 변화하는 전장상황 속에서 다수의 작전 중인 항공기들과 지상/바다의 전장지휘관 및 부대들 사이에 전술정보를 교환할 수 있도록 상호 연결하는 발달된 합동작전용의 재밍 방지 VHF 통신시스템이다.

작전에 참가하는 모든 항공기의 현재위치, 무기상태 등이 적 항공기 또는 미사일 부대의 위치 보고와 함께 공용 자료수집소로 자동으로 전송되며, 그곳으로부터 끌어내온 데이터는 디지털 표시기 또는 레이더 및 항법 스크린에 전시된다.

(1) 통 신

향후의 통신망은 주파수 대역에 따른 개별적 운용에서 탈피하여 하나의 망으로 통합 운용되는 방향으로 개발이 진행되고 있는 추세이며, 이에 따라 여러 개의 장비로 각각 운용되고 있는 장비들이 하나의 장비로 통합될 것으로 판단된다.

영상 및 대량의 디지털 데이터 통신능력이 요구되고 있으며, HF/VHF/UHF 무전기, 차기 전술 통신망의 무선단말, GPS 등이 하나의 장비로 통합됨과 동시에 고속 데이터 전송이 가능한 소형, 경량 및 저전력 소모형의 장비로 발전될 전망이다.

주요 기술은 다음과 같다.

- 전자전 기술에 대응할 수 있는 대전자전 기법
- 기존 장비와 연동될 수 있도록 신호 구조/방식을 일치시키는 인터페이스 기술
- 각종 기능 등을 소프트웨어로서 구현하는 소프트웨어 처리 기술
- 고속 디지털 데이터를 전송하기 위한 압축기술 및 디지털 변조 기술
- RF 신호를 기저대역으로 혹은 역으로 변환시키는 A/D, D/A 변환기술 및 디지털 신호처리 기술

또한 소프트웨어가 탑재되어 각각의 무선장비의 기능을 담당할 공통모듈의 소형화와 저전력 소모를 위한 초고속 집적회로 기술과 MMIC (Millimeter Microwave Monolihtic Integated Circuit) 기술이 연구 발전되어야 한다.

(2) 피아식별

수하 방식의 피아식별장비는 아직은 국내 소요는 미약한 반면 구매시장이 세계적으로 다양하고 가격 또한 저렴하여 독자적인 개발 필요성은 미약한 편이다. 그러나 미래전의 상황에서 고도로 발달된 다양한 적의 위협-스텔스 기술을 적용한 공격무기체계와 공격전술에 대응하기 위한 피아식별장비의 개발은 중요하다고 할 수 있다.

표적인식기술은 표적의 신호 수집/분석, 표적식별 그리고 영상처리기술로 구성되며, 표적의 신호 수집/분석 연구를 위한 표적에 대한 레이더 반사 단면적(RCS : Radar Cross Section) 측정시설로 콤팩트 레인지 (Compact Range)가 있으며, 운용 주파수는 2～18GHz이고, 측정할 수 있는 크기는 3.6mm^2 이하이다. 연구수준은 전자파를 이용한 표적식별과 영상처리기술로 기초적이지만 이 분야는 정부 주도로 철저한 보안 속에 추진될 전망이다.

TACAN 항법장비도 역시 J-TIDS망 밖에서의 사용을 위한 편리한 추

가장비로 J-TIDS 상자 안에 포함되어 있다. 가시거리 내에 있는 일련의 항공기들이 상호 통신하고 있는 J-TIDS망에 참여할 수 있으며 할당된 송신시간대에 송신하지만 모든 항공기는 어떤 시간대에도 수신할 수가 있다. J-TIDS망의 구성원들 사이에서 '시스템' 또는 '망' 시간을 청취하는 것은 기본적인 요구사항이다.

향후 통신체계의 발전은 통신장비, 적 식별, 항법, 자동 메시지 송수신 및 TACAN 거리 등 각장비들의 통합기술이 디지털 데이터링크 시스템 체제로 발전될 것이다.

2.5. 항법공격장비

1. 레이저 유도장비

(1) 개 요

레이저에 의한 유도장비는 월남전을 계기로 공대지 무기의 명중률 및 정확도를 더 한층 발전시키기 위해 미 공군에 의해 페이브웨이 공대지 무기운반체계(Paveway Air To Ground Weapon Delivery System)라는 계획으로 추진되었으며, 프랑스는 1975년, 스웨덴은 1974년부터, 영국도 이와 비슷한 시기에 레이저 유도장비에 대한 개발을 시작했다. 이러한 레이저 유도무기의 개발 선진국인 미국의 발전과정은 다음과 같다.

(2) 레이저 유도장비 현황

□ 페이브 스파이크

페이브 스파이크 시스템(Pave Spike System)은 주간 레이저 표적 조사/추적기로서 F-4D/E 항공기에 독립적인 레이저 유도폭탄 투하능력을 부여했다. AN/ASQ-153(V)로 명명된 페이브 스파이크 포드(Pod)는 F-D/E 항공기의 스패로 미사일 좌측 전방에 장착 운용되어, 페이브 스파이크의 우측 시계를 가리게 되는데, 좌측으로는 70°, 우측으로는 20°, 상하로는 +150°/−165°의 시계를 가진다.

페이브 스파이크 포드는 광학장비, 조준 안정장치, TV추적 감지기, 레이저 조사/거리 측정기, 환경통제 시스템 및 기타 관련 전자부품으로 구성되어 있으며, F-16과 같은 단좌형 전투기에 맞도록 페이브 스파이크 B형, 주야간 운용능력을 가진 C형이 개발되어 있다.

□ 페이브 페니

AN/AAS-35로 명명된 레이저 표적조사/추적기로, 시초에는 근접지원 공격기인 A-10기에 장착 운용되었으나, 이후 A-7D, F-16 및 타 항공기에도 장착되었다. 표적의 조사는 지상 또는 기내에 있는 전방항공통제관(FAC)에 의해 실시되며, 페이브 페니 포드(Pave Penny Pod)는 조사된 표적을 포착, 추적하고 그 출력신호들은 HUD나 무기투하 시스템의 표시장치를 통하여 조종사에게 보여진다.

이 포드는 주야 구별 없이 레이저가 조사되는 16km 이내에 있는 표적을 자동으로 포착, 추적이 가능하며 악천후 하에서도 15~30m까지의 저고도에서도 제한된 운용이 가능한데, 상하로는 +15도에서 −90도까지 좌우측으로는 90도까지 표적추적이 가능하다.

1977년 3월 첫 발주 이후 1983년 생산중단 시까지 총생산, 발주량은 700대 정도에 달하고 있는 것으로 알려지고 있다.

□ 페이브 택

페이브 택 시스템(Pave Tack System)은 초저고도 침투 및 후방차단 폭격을 포함한 전 고도에서 기상상태와 관계없이 24시간 운용능력을 보유하고 있다. 또한 레이저, 전자광학 및 적외선 등 다양한 무기체계에 대하여 정확한 표적획득 및 레이저 표적조사 능력을 제공하며 항공기에 탑재된 무기투하 디지털 컴퓨터에 표적위치 자료를 제공해 주기 때문에 폭탄을 정확하게 투하 가능하다.

◆ **주요 구성품 및 제작회사(주 계약업체는 포드사)**

- 레이저 거리/조사기(LRF/D) : 리튼 레이저 시스템사
- 전방감시 적외선 감지기(Forward-Looking Infrared Sensor) : 텍사스 인스트루먼트사
- 허상표시장비(VID : Virtual Image Display) : 레이더 정보를 제공하는 외에도 TV, FL 및 무기에 대한 영상 제공 : 제너럴 일렉트릭사
- 페이브 공격 시스템 및 VATS(Video Augmented Tracking System) : 지상표적에 한 자동추적이 가능하여 무기조작수의 업무부담을 줄일 수 있다. 포드와 노스롭사가 공동 개발한 현존하는 최신형 장비로서 미 공군은 RF-4C, F-4E, F-111 등에 장착 운용 중이다.

□ 기타 페이브 계열

페이브 계열 장비들은 고공에서 레이저 유도폭탄을 투하하기에 적합한 시스템으로 장비가격이 비싸며 고속 항공기에 의한 근접지원용으로 적합하지 않아 대체장비들을 개발하게 되었는데, 페이브 스폿(Pave Spot), 페이브 네일(Pave Nail), Yov-10, 페이브 스펙터(Pave Specter) 및 페이브 론토(Pave Ronto) 등은 약간 성능은 떨어지나, 근접항공 지원 시 근거리용으로 적합하며 저렴한 가격으로 개발되었다.

(3) 기타 시스템

□ Blue Spot 레이저 표적조사

웨스팅하우스사가 주야간의 표적획득 및 추적, 레이저 유도폭탄의 유도 등에 목적을 두고, RPV, 헬리콥터 및 저속항공기용으로 개발하였으며 기체 하부의 반구형 돔(Dome)에 장착하여 시계가 넓다.

□ 항공 표적 획득과 발사제어 시스템(ATAFCS : Airborne Target Acquisition And Fire Control System)

포드 항공/통신사에 의해 개발된 장비로 표적획득을 위한 레이저 스

폿 탐지기(주간용 : TV 카메라, 주야간용 : FLIR), 표적조사 및 거리측정을 위한 레이저 발신/수신기로 구성되며, 자동 추적능력 보유로 공격 및 정찰용 헬리콥터의 주야간 전투에 운용된다.

□ 레이저 표적 획득과 식별 시스템(LATAR : Laser Augemented Target Acquisition And Recognition system)

노스롭사가 AN/ASX-1 TISEO(Target Idenification System, Electro-Optical)를 개조하여 주야간에 운용할 수 있도록 한 표적획득 및 레이저 사격통제장치로 특히 단좌형 항공기가 1회 비행으로 표적을 식별, 공격하려는 요구를 충족키 위해 개발되었으며, 수동으로나 헬멧용 조사기, 항공기 레이더, 레이더 신호 수신기 등에 의하여 표적에 Lock-On시킬 수 있다.

□ AN/ALQ-27 항공 레이저 표적 지정 세트 (LTDS : Airborne Laser Target Designator Set)

노스롭사에서 F-5E/F의 후방석용으로 개발한 소형 장비로 장착 시 배선의 일부만 변경하면 항공기의 기본임무에 변경을 가져오지 않고 장착이 가능하여 대부분의 복좌 전투기 및 전폭기에 설치가 가능하다. 국외 군사 판매를 촉진시키기 위해 개발한 것이다.

□ AN/ASB-19 각 변화율 폭격 세트(ARBS : Angle Rate Bombing Set)

무기투하 컴퓨터(WDC : Weapon Delivery Computer)로 항공기에 표적의 조준선각(Aircraft-To-Target Line-Of Sight Angle) 및 각 변화율(Angle Rate)을 제공하며, ARBS의 정보와 항공자료 컴퓨터(Air Data Computer)에서 제공되는 항공기의 진대기 속도(Ture Air Speed)와 고도 등을 분석 처리하여 정확한 무기투하 방식을 결정한다. 이 장비는 지상표적의 자동추적 및 주야간 레이저를 1회로 자동 획득할 수 있기 때문에 긴요한 야간폭격 능력을 제공해 주며, 광범위한 유도 및 비유도 무기체계에 운용될 수 있다.

□ AN/AAS-33 표적인식과 공격 다기능 센서 (TRAM : Target Recognition And Attack Multisensor)

야간감시 및 미 해군의 공격능력을 강화시키고, 레이저 유도무기를 정확하게 투하할 수 있으며, 해군 임무에 적합하도록 설계되었다. 표적획득을 위해서는 레이더를 이용하며, 표적식별이나 공격을 위해서는 FLIR를 이용하는 장비로 A-6E의 동체 하부 포탑에 장착한다.

□ AN/AAS-38 전방탐지 적외선(FLIR : Forward Looking Infra-Red)

후방차단 및 근접항공지원 임무에 대한 미 해군 및 해병대의 요구를 충족시키기 위해 24시간 공격능력이 있는 단좌형, 쌍발 엔진의 항공기인 F/A-18 호넷 전투기에 장착되었으며, 표적획득 및 식별을 위해 TV 모니터를 통하여 수동열영상(Passive Thermal Imagery)을 제공하여 주야간 및 악천후 공격능력을 확대했고, 초음속 비행영역에서 운용할 수 있도록 설계된 최초의 해군 FLIR 공격 센서로서 1985년 2월부터 미 해군에 실제 운용되고 있다.

□ AN/AAS-37 탐색거리 및 추적 시스템 (DRTS : Detecting Range And Tracking System)

OV-10D 다목적 항공기를 위해 개발한 것으로 감시, 관측 및 차단을 위해 표적에 대한 주야간 탐지 및 식별능력을 지니고 있다.

□ 저고도 항법 및 야간 적외선 표적획득 시스템(LANTIRN : Low Altitude Navigation & Targeting Infra-Red System For Night)

유도 또는 비유도 폭탄이 장착된 항공기에 지상표적 획득, 추적 및 파괴를 위한 능력을 제공해 주는 포드형(Pod Type) 시스템으로, 단좌형의 F-16과 F-15E 항공기를 위해 개발되었으나, 그 밖의 단좌 또는 복좌형의 공격기에도 운용이 가능하다.

이 장비는 항법 포드와 표적획득 포드(Targeting Pod)로 구성되어 있으며, 항법 포드는 넓은 시계를 갖고 있는 소형 HUD를 통하여 조종사에게 시현해 줌으로써, 저고도 비행을 가능케 해주는 전방감시 적외선 장비(FLIR)와 악천후 상황하에서 조종사에게 초저고도 침투능력을 제공해 주는 지형추적 레이더(TFR : Terrian-Following Radar)로 구분되며 표적획득 포드는 저고도 주야간 표적획득 및 정밀 폭탄투하 능력을 제공해 준다.

이 시스템은 유도 및 비유도폭탄의 첫 1회 공격 시 명중률을 높여 주고, 특히 적외선 매브릭(Maverick)이 아닌 레이저 유도폭탄과 같은 무기투하 시 유용한 장비로, 1982년 9월에 개발을 시작하여 현재도 계속 생산 중이다.

(4) 발전추세 및 전망

레이저 장비는 주로 미국의 페이브 계열이 주도권을 갖고 개발되어 왔으며, 최근에 개발된 페이브 택과 LANTRIN 장비가 앞으로의 발전추세를 예측하는 데 도움을 주고 있다. 그리고 강력한 대공망 구축에 따른 표적조사 및 무기투하 시 항공기의 생존력을 높이기 위하여 회피기동이 더욱 용이하도록, 포드형 레이저 표적획득 및 조사 시스템에서 단좌형 LGB 투하 항공기에 장착 운용되는 독점적인 운용 방식으로 발전될 전망이며, 레이저 조사기와 표적획득, 추적시스템의 통합화와 더불어 최신형 사격통제 시스템과 서로 연계시켜 LGB 투하를 더욱 최적화시키는 경향을 보이고 있고, LANTRIN의 경우 항법 포드와 표적획득 포드가 있는데, 특수한 임무 요구에 따라 하나 또는 두 개의 포드를 적절하게 선택함으로써 유연한 작전능력을 발휘할 수 있고 유지비도 최소화할 수 있는 장비가 앞으로 유용하게 될 것이다.

전체적인 공격장비의 발전추세는 현대전에서의 조밀한 적의 레이더 탐지망을 피하기 위하여 전천후 초저고도 침투용 항법장비가 공격장비와 연동되어 발전하고 있으며, 적외선을 이용한 지형판독장비와 함께 운용되어 전천후 저고도 침투 능력을 가일층 증대시키고 있다. 또한 센서의 발달로 주야간, 악천후는 물론이고 전천후하에서도 표적획득 및 운용이 가능하게 될 것이고, 1회 표적포착, 식별, 자동추적 능력의 확대 및 표적추적장치의 결과가 HUD상에 표시됨과 동시에 항공기의 항법장비 및 무기통제 시스템에 전달되어 조종사의 업무분담 및 항공기의 노출 정도를 최소화시키는 경향을 보이고 있다.

적외선을 이용한 장비는 주로 적외선 영상(IIR : Imaging Infra-Red)을 이용하여 정찰, 항법, 표적 탐색 및 공격 등 광범위하게 사용되고 있다. 최신의 공격장비에는 이러한 적외선 장비는 레이저 장비와 연동하거나 한 구성품으로 포함되어 주로 표적탐색 및 식별에 이용되는데, 적외선 유도무기를 사용할 때는 탐색 및 식별기능 외에도 표적을 포착하여 지시해 주기도 하며, AGM 계열의 유도무기는 복합유도 방식을 사용하고 있다. 현재 적외선 탐색 및 추적 장비는 세계적으로 널리 사용되고 있으며 레이더보다 원거리 탐색능력과 은밀성이 보장된다.

현재 적외선 탐색 및 추적 장비는 세계적으로 널리 사용되고 있으며 레이더보다 원거리 탐색능력과 은밀성을 보장받고 있다.

전투기 중심의 전방탐지장비는 표적획득 및 식별을 위주로 발전될 것이며 적외선장비에 의한 표적획득을 한 후 항공기의 관성항법 시스템 혹은 데이터 링크와 연동되어 최대 원거리 능력을 제공하여 유도 및 비유도 폭탄의 1회 공격 시 명중률을 높여 준다. 현재의 외부 장착형에서 내부에 내장되는 형태로 발전이 예상되며 독립적이 아닌 전방시현장비 등의 시현장비와 연동 운영될 것이다.

2. 항법공격장비

(1) 개 요

전술기의 전투행동반경이 증가하고, 적의 레이더 탐색을 회피하기 위한 저고도 비행이 요구됨에 따라 관성항법장비를 비롯한 보조장비들이 개발되었으며, 이러한 항법장비가 레이저 유도 및 적외선 장비 등과 연동되어 공격기능을 갖춘 항법공격장비로 발전하고 있다. 또한 무장투하 컴퓨터와 항법장비의 기능을 단일 컴퓨터에 부여하여 복합체제화 되고 있으며, 정확한 목표공격을 위해 CCIP 및 CCRP의 능력을 보완하고 있다.

(2) 장비현황

<표 1-18> 장비현황

명 칭	분 류	제작회사	장착기종	기능 및 특성
AN/ARN-101 (DMAS)	INS	리어 시에글러 INS(미)	F-4E	· 페이브 택과 연동, 야간 정밀폭격 가능 · LORAN 연동으로 정밀항법(400ft/hr)
LN-100G	INS	리튼(미)	백두, 금강	· LASER 관성항법 + 위성항법
LN-39 (AN/A SN-141)	INS	리튼(미)	F-16C/D A-10	· 속도오차 2.5ft/sec, 항법오차 1nm/hr · 보조 배터리 사용으로 10초간 동력부재 보상 가능
LTN-72R	INS	리튼(미)	B-707,727, 737, 747 DC-8, C-130	· VOR/DME 업데이트 가능 · 일반 자이로 사용 · 9개 목표물 기억능력 보유
레이저 LTN-93	레이저 INS	리튼(미)	F-16C/D	· 0.7nm/hr 항법오차
레이저 NVA-2		허니웰(미)		· 1.0nm/hr 항법오차
레이저 H-423		허니웰(미)		· 0.8nm/hr
ULISS 계열	INAS	사겜(불)	미라주 계열 재규어	
SYSTEM 계열	INAS	엘빗 (이스라엘)	F-4, A-4, Kfir	· 공대공/공대지 겸용

(3) 발전추세 및 전망

적의 방공망이 구축되어 있는 지역을 적의 레이더 탐지를 피하면서 전천후, 초저고도로 침투할 수 있는 침투용 항법장비가 개발 운용될 것이며, 미션 컴퓨터(Mission Computer) 및 레이저(Laser) 유도장비와 연동되어 순수항법장비와 공격장비의 통합화가 이루어질 것이고, 레이저를 이용한 관성항법장비 등으로 정확도가 증가되는 추세에 있다.

□ 위성항법(Satellite-Based Navigation)

GPS는 현재 운용 중인 대표적인 위성항법 시스템이다. GPS 수신기는 위성들로부터 수신된 자료를 토대로 탑재된 항공기의 위치, 속도, 고도 정보를 산출하며 이러한 항법정보를 산출하는데 별도의 지상국 또는 기상자료 시스템이 필요 없고 장비의 정확도는 수신기와 위성간의 거리와 무관한 것이 특징이다.

위성항법은 지형이나 지역 구분 없이 극지역을 포함한 세계 전역 어디서나 운용 가능하다. GPS는 항법정보뿐만 아니라 2개의 안테나로부터 수신된 반송신호의 위상차를 측정함으로써 항공기의 피치, 뱅크, 그리고 헤딩 정보도 산출할 수 있다. 현재 F-16, T-59, UH-60 등은 이미 장착 운용 중에 있다.

□ 관성항법(Inertial Navigation)

관성항법장치란 외부로부터의 전자장비의 유도 없이 항공기에 탑재된 자이로 등으로 구성되는 독자적인 항법장치로 항공기의 가속도 측정과 그 데이터를 처리하는 장치이며, 자동 조정창치와 연동시키면 미리 설정된 항로를 자동적으로 비행할 수 있다.

관성항법 시스템은 특성상 정확한 단기(Short-Term) 동안은 정확도를 가지고 있으나 시간이 지날수록 정확도가 떨어져 주기적으로 드리프트 오차(Drift Error)를 보상해 주어야 한다. 반면 GPS는 비교적 정확한 장기(Long-Term) 정확도를 갖는다. GPS의 출현에도 불구하고, 이를 보완하기 위한 관성항법 시스템은 앞으로도 GPS와 결합된 형태로 계속 운용될 전망이다.

□ 지형항법(Terrain-Referenced Navigation)

지형항법은 지형윤곽을 측정하기 위해 전파고도계(Radio Altimeter)를 사용한다. 다음 측정된 지형윤곽 지도는 3차원 지형모델로 구성된 데이터베이스와 비교된다. 관성항법 시스템과 같은 항법시스템과 알려진 출발위치와 이동경로 정보를 이용하여, 지형항법 시스템은 항공기 위치를 추적하기 위해 계속해서 지형모델 데이터베이스를 탐색한다. 지형항법의 정확도는 지형모델로 구성된 데이터베이스상의 해상도에 의해 결정된다.

현재 측정된 지형과 데이터베이스상의 지형이 일치할 때, 10～15m 이내로 항공기의 위치를 알 수 있다.

지형항법에는 지형 추적 및 회피(TF/TA : Terrain Following/Avoidance), 지상접근경보(Ground Proximity Warning), 그리고 정밀 고속항로 항법(Precision Highway-In-The-Sky Flight Path Navigation) 등이 있다. 지형항법은 지상 혹은 위성항법 시스템과는 무관하며, 대용량의 지형모델 데이터베이스를 처리하기 위해 고속처리 능력이 필요하다.

위성항법, 관성항법, 지형항법이 각각의 기능으로 운용되는 것이 아니라 관성항법의 정확도를 증가하기 위해 위성항법과 지형항법이 동시에 적용될 것이며 관성항법은 레이더와 연동으로 지형이나 목표물 식별 및 지형 추적이나 장애물 회피기능이 포함될 것이며 통합 소프트웨어 개발로 임무 컴퓨터, 전방시현장비, 헬멧 시현장비 등과 통합 운영될 전망이다.

[그림 1-4] 탐지레이더(MW-08)

・한국형 구축함에 탑재되어 운용 중인 대함 및 대공 레이더

[그림 1-5] 비호레이더(MPS-1)

· MPS-1은 비호체제(30mm 자주대공포)의 탐지레이더
· 대 전자전 기능/자체점검 기능
· 기상잡음 제거기능
· 이동 중 탐지기능
· 저고도 이동표적의 탐지 및 피아식별을 수행
· 사격통제장치 및 전시기에 표적정보 제공

[그림 1-6] 저고도 탐지레이더(TPS-830K)

· 저고도로 침투하는 항공기 및 헬기를 탐지, 위협 우선순위에 따라 방공무기로 제원을 전파
· 탁월한 ECCM 기능 보유
· 다양한 정보제공으로 운용의 용이성 제공
· 위협도 자동분석
· 모듈 수준까지 자체진단 기능 보유

2.6. 방공관제 레이더

1. 탐색레이더

(1) AN/FPS-117

현재 한국 공군에서 사용하는 조기경보 및 방공통제 주장비이다.

이 장비는 미국 제너럴 일렉트릭사에서 제작한 최첨단의 펜슬 빔(Pencil Beam) 레이더로서, 우수한 항적 포착 및 고도측정 능력을 보유하고 있는 고정형 3차원 레이더로 항적의 방위, 고도 및 SIF 상태를 탐색할 수가 있다.

항적의 콘솔상 시현은 블립(Blip)과 심벌이 나타나며 비콘 모드(Beacon Mode)의 운영에 따라 여러 형태로 시현되므로 항적탐색 및 추적이 용이하다. 주파수 대역은 약 1,200～1,500MHz이며 안테나는 분당 5회전, 포착거리는 5～300NM(320km), 최대 포착고도는 10만 피트이다.

이 레이더의 특성은 전자방해에 대해 자동으로 대처할 수 있는 대 전자방어책(ECCM)이 우수하며, 고도측정 능력도 타 레이더에 비해 우수하다.

[그림 1-7] AN/FPS-117K/ E1 장거리 방공관제 레이더

[그림 1-8] AN/TPS-43F 이동형 방공관제 레이더

(2) AN/TPS-43

이 장비는 1970년대 미국 웨스팅하우스사에서 제작한 이동형 장거리 3차원 레이더로서 방위, 거리, 고도 및 SIF 상태를 탐색할 수 있으며 6개의 펜슬 빔을 스택트(stacked) 형태로 송신한다. 주파수 대역은 2,900~3,100MHz이며 안테나 회전수는 분당 6회전, 최대 포착거리는 240NM (384km), 최대 탐지고도는 99,500피트, 거리분해 능력 3,400피트, 방위분해 능력 3°이다.

초기의 3차원 레이더로 빔의 안정성이 떨어져 항적의 고도변화가 심하며, 부엽 빔(Side Lobe)에 의한 가짜(False) 항적의 발생이 가끔 일어난다.

(3) AN/TPS-63/65

저고도 근거리 감시용으로 FAN 빔을 사용하는 2차원 레이더이며 항적의 방위, 거리 및 SIF 상태를 알 수가 있다.

AN/TPS-63 레이더는 현재 일부 사이트에 설치 운용하고 있다. 이를 이중채널화한 AN/TPS-65 레이더는 전방감시소(RP)에 설치 운용하며, 주파수 대역은 1,200~1,400MHz이고 안테나 회전수는 분당 6회전, 최대탐지고도는 40,000피트, 포착거리는 80NM이며, 특성 중의 다른 한 가지는 빔이 하나인 관계로 고도를 측정할 수 없다. 그러나 IFF/SIF 장비의 보조기능으로 SIF를 가진 우군항공기 중에서 C MODE를 가진 항공기에서 제공되는 SIF에 의한 계기고도는 알 수 있다.

□ **DBR(Dual Band Radar)**

DBR은 AN/TPS-43 레이더가 잡음(Clutter) 처리 미흡으로 저고도 항적 포착능력이 저조하여 이를 개선하기 위한 방법으로 AN/TPS-63 레이더 송수신기를 TPS-43에 별도 설치하여 AN/TPS-43 레이더의 단거리 저고도 포착능력을 보강토록 한 것이다.

AN/TPS-63 레이더의 송신부는 종래와 동일하나 안테나는 AN/TPS-43 안테나 피드 혼(Feed Horn) 측면에 별도의 TPS-63용 다이폴 안테나를 부착하고 반사기를 병행 사용토록 구성하여 $1m^2$(0 Db)의 항적을 40NM 내 고도 10,000피트까지 범위 내에서 80% 이상 포착 가능하도록 보강한 것을 말한다.

[그림 1-9] AN/TPS-65 방공관제 레이더

2. 콘 솔

(1) ADP-2000

이 장비는 소형 자동화체제용의 최신형 콘솔로서 기존의 콘솔과는 달리 17.5인치×14인치 크기의 화면을 가진 직사각형 모니터이며 작동은 키보드로 조작한다. 이 콘솔의 특징은 블립(Blip)과 심벌이 동시에 시현되고 항적의 이동 반대방향에 6개의 초록색 잔상이 점으로 나타난다. 또한 항적의 방위, 거리, 고도, SIF 상태 등 각종 항적정보를 화면상에 실시간 혹은 선택적으로 시현시킬 수 있으며, 비행기지, 사이트, 저명지점 등 항적탐색 및 관제에 도움을 줄 수 있는 각종 참고자료를 입력 및 삭제할 수가 있다. 특히 비상항적은 경보음과 함께 적색 심벌이 점멸되고, 전파방해(ECM) 인지 시는 전파방해를 받고 있는 방향에 대해 보라색 스트로브(Strobe)가 시현되므로 재머 항공기의 탐색, 추적 및 요격관제가 더욱 용이하게 되었다.

(2) PC-83

PC-83 콘솔은 방공관제 레이더용 전시시스템으로 펜티엄급 상용 컴퓨터, 항적자료 수신카드, 모니터, 키보드, 마우스(트랙볼), 운용 프로그램으로 이루어지며, 신형 콘솔인 ADP-2000 장비를 모델로 유사하게 개발하였다. 현재 ADP-2000 장비의 AN/FPS-117 레이더 자료수신 방식을 그대로 적용하여 자료수신을 위해 별도의 장비가 필요하지 않다. 그 밖의 기존 콘솔에서 구비되지 않은 여러 가지 기능을 추가함으로써 기존 관제업무를 용이하게 하였다.

PC-83 콘솔은 항적신호 수신카드를 통해 수신된 레이더의 디지털, 아날로그 비디오 신호를 펜티엄급 상용 컴퓨터에서 실시간 처리하여 일반 컴퓨터 모니터 또는 컴퓨터 화면을 표시할 수 있는 고해상도의 대형 모니터 상에 항공기의 항적위치와 관련정보를 최소반경 10NM에서 10NM

단위로 최대반경 200NM 내의 범위에 대해 전시한다.

PC-83 콘솔에 대한 데이터 전시(Display)와 필요한 제어는 키보드와 마우스(트랙볼)와 모드 4 REQ, 스위치를 통해서 이루어진다. 사용자는 키보드의 기능키를 조합하여 입력함으로써 PC-83 콘솔의 기능을 실행시킬 수 있다. 마우스는 항적들 간의 상대적인 위치에 영향을 끼치지 않고 항적의 위치를 모니터상의 원하는 위치에 위치시킬 수 있으며 또한 항적에 대한 거리, 방위정보를 모니터 상에 출력(Read Out)시킬 수 있다.

3. 적·아 식별 및 선택식별장비(IFF/SIF)

(1) 개 요

적극적인 방공통제 및 완벽한 임무수행을 위해 전술무기의 관제범위를 넓히고 적·아 식별 및 우군 항공기의 개별 식별제도가 개발되었다.

레이더 탐지는 반사된 RF 에너지에 근거를 두고 있으며, 송신된 펄스로부터 다시 수신한 에너지의 양은 여러 가지 가변요인에 의하여 제약을 받는다. 항공기 형태 및 레이더 기구와 관련된 상대고도, 기상조건, 수신기의 감도 등 여러 가지 요인들은 반사되어 수신될 RF 에너지의 양을 감소시키는 것이다.

IFF/SIF 장비는 레이더 콘솔상에서 항적의 표면 페인트의 바깥쪽에 전자 스트로브를 만들어 준다. IFF/SIF 신호는 목표물에 반사된 약한 레이더의 RF 에너지와 관계없이 항공기에 탑재된 IFF/SIF 장비에서 송신하는 강한 전파로서 작은 항공기가 포착되지 않는 원거리 또는 근거리의 스크린 지역의 가벼운 차폐상태에서도 잘 나타난다.

(2) 장비의 원리

초기에 있어서 IFF 장비는 전장에서 적·아를 구별하기 위해 이용했다. 그러나 항공기의 수가 많아짐에 따라 IFF 장비에다 코드기능을 첨가한 것이 SIF 장비이므로 두 가지 장비를 합하여 IFF/SIF라고 부른다. IFF는 모드만 조작하고 SIF일 경우는 모드를 맞추고 다시 코드를 조작함으로써 제기능을 발휘한다.

항공기에 설치된 것을 응송기(Transponder)라 하며 지상에 설치된 것을 질문응신기(Interrogator Responder)라 부르고 있다. 질문응신기를 조작하여 무선전파를 항공기를 향해 발사시켜 수하하여 심문하게 된다. 만일 우군의 것이라면 응송기에 수신된 전파는 응송기에서 자동적으로 해명 변조되어 강한 세력으로 다시 발사되어 지상에 있는 질문응신기에 돌아와 우리가 판단할 수 있는 표시를 나타내므로 실제 항적포착 거리보다 훨씬 멀리서도 잘 나타난다.

이러한 기술적 구별은 되돌아온 전파의 암기호와 레이더 콘솔에 나타난 거리 및 방위각이 일치됨에 따라서 확인되는 것이다.

(3) 적 · 아 식별제도(IFF : Identification Friendly Or Foe)

IFF는 적 · 아를 구별하고 우군기를 간단하게 몇 가지 부류로 식별하는 장비이며, 모드는 1, 2, 3의 3개로 구별된다. 항공기의 모드는 지상의 모드와 일치하면 레이더 콘솔상에 스트로브가 나타나는 것이다. 콘솔상에 나타나는 스트로브는 일정하지 않으나, 모드 1, 2, 3은 한 줄로 나타난다. 만약 체공 중인 항공기에 결함 또는 비상상황이 발생할 때는 조종사가 IFF 장비를 비상위치에 놓음으로써 네 줄로 나타나며 지상관제소에 쉽게 인지되어 항법보조 및 비상구조를 위한 대응조치를 취하게 된다.

(4) 선택식별제도(SIF : Selective Identification Feature)

IFF는 단지 세 개의 모드만을 사용하여 항공기를 식별하였으나, 항공기 대수 증가와 작전상의 복잡성으로 항공기의 개별식별이 불가능하게 되었다. 이로 인하여 적 · 아 식별에서 자기가 식별하고자 하는 항공기를 식별할 수 있는 선택식별제도가 절실히 요구되었다. 이런 이유로 항공기의 기본모드 기능에다 특정 부호에 응답하도록 하는 선택식별제도 기능인 코드로 분류하여 특정한 항공기의 코드를 해독하는 것이다. 항공기에 질문할 수 있는 모드는 모드 1, 2, 3, 4이며, 특별한 작전요구 시를 제외하고는 2/3 위치에 놓고 운용해야 한다. 이 중 모드 1, 3에 해당하는 코드는 관제사나 조종사 임의대로 코드를 변경시킬 수 있으나, 모드 2는 각 항공기별로 정비사에 의해 고정시켜 놓았다.

□ 모드 1(Security Identification)

적 · 아 식별을 위해 코드가 배정되어 있으며 32개의 코드를 사용할 수 있다.

□ 모드 2(Personal Identification)

각 항공기별로 사전 선정되어 있으므로 개개의 항공기를 식별 시에 사용하며, 4,096개의 코드를 사용할 수 있다.

□ 모드 3(Traffic Identification)

항공교통관제 관련기구의 업무협조/지원이 필요할 경우나 임무구별을 위해 사용한다.

□ 모드 4

- 유일한 비화전자 식별 수단으로 전 · 평시 우군 항공기에 대한 식별을 위해 사용하며, 34개의 비밀코드를 적 · 아 식별(IFF/SIF) 모드 1, 2, 3에 추가하여 사용한다.
- 한국전구작전지역(KTOA : Korea Terrain Operation Area) 내에서 임무를 수행하는 항공기 중 식별이 의심스러운 항공기에 대해 모드 4 질문을 실시한다.
- 모드 4 질문 시 우군응답이 있는 항공기는 일단 우군기로 간주하며, 지속적인 추적이 유지되는 한 재질문은 하지 않는다.

• 한국전구작전지역(KTOA) 내에서 작전하는 모든 부대는 일정시간에 모드 4 음어표(AKAK-3662)를 사용하며, 음어표는 24시간 단위로 변경한다.

□ **모드 C**

항공기의 AEU(Altitude Encoder Unit)와 연관 작동하여 항공기 계기상의 현재 비행고도를 레이더 장비(AN/UPA-59)에 표시해 주는 고도정보 전송기능을 말한다.

<표 1-19> IFF/SIF 장비

RADAR 장비	IFF/SIF 장비	기 능
AN/TPS-43F	AN/UPX-23	질문 및 송수신기
	AN/UPA-59	해독기
	AN/GPS-13A	간섭신호 공백기
AN/TPS-63/65	AN/UPX-27	질문 및 송수신기
	AN/UPA-59	해독기
	AN/GPS-13A	간섭신호 공백기
AN/FPS-117	OX-60	송·수, 질문, 간섭신호 공백기
	AN/UPA-59	해독기

2.7. 발전추세 및 전망

레이더의 기본구성을 중심으로 안테나, 송수신기, 신호처리기, 자료처리기, 전시기 등의 기술 분야에 대하여 탐지 및 추적성능 향상, 다수기능 보유, 대 전자전 능력 강화 및 신뢰성 증대에 주안점을 두고 추진될 전망이다.

신호처리기술은 컴퓨터의 고속화, 메모리 부품의 급속한 발전 등으로 추출자료의 다양화와 함께 자료의 정확성이 향상되고 있으며, 처리능력의 확대로 레이더의 다기능화에 적합한 자료를 생산할 수 있게 되고 있다.

1. 세계적 발전추세 및 전망

최근 레이더의 세계적 발전추세는 다량의 표적 동시탐지 및 추적 기능을 보유하기 위한 탐지능력의 확장, 해/지상 클러터 제거, 대 전자전 능력 향상 등에 주력하고 있으며, 전자식 스캔 방식의 3차원 레이더 형태에 대한 효율성이 부각되고 있다.

현대의 세계적인 기술발전은 전자 분야가 주도하고 있는 게 현실이며, 레이더의 주된 기술은 전자공학 전 분야에 걸쳐 광범위하게 구성되어 있어 일부 구성기술이나 새로운 이론의 발전이 레이더 기술 발전의 기반으로 적용되고 있다. 레이더 기술 발전의 중요성이 이미 공인된 기술선진국에서는 계속적인 투자로 지속적인 연구개발을 수행하고 있으며, 그 결과 기술의 첨단화는 물론 적용 분야도 더욱 다양화되었다.

레이더 기술은 초고주파 기술(안테나, 송수신기), 디지털 기술(신호처리, 자료처리기, 전시기), 체계/종합 기술로 대별된다. 이를 종합해 보면 레이더 기술의 발전방향은 탐지/추적 성능 향상, 다기능 보유, 운용자 인터페이스 최소화, 대 전자전 능력, 소형 경량화, 저전력소모, 신뢰성 증대에 주안점을 두고 있다.

2. 분야별 발전추세 및 전망

(1) 체계설계

체계설계 동향은 컴퓨터와 전자부품 기술의 발전으로 인한 전자식 빔 제어형 3차원 레이더 기술의 발달로서, 여러 개의 각각 독립된 기능의 레이더를 한 개의 레이더로 실현하는 것이다. 즉, 다기능 레이더는 탐지와 추적을 기능상 차이에 불과(물론 1개 표적에 대한 연속된 정확한 추적자료를 추출하기 위해서는 별개의 추적레이더가 필요할 수 있지만)하게 하고 있으며, 유도탄의 유도를 위한 펄스형 조사능력도 포함하게 되었다. 이에 따라 기능별 운용을 최적화하기 위한 실시간 제어 방식이 매우 복잡하여 컴퓨터를 이용한 소프트웨어 제어 방식이 필수적인 요소로 등장하게 되었고 하드웨어는 기능 중심적이고 인터페이스가 용이한 구조로 발전되고 있다.

(2) 사격통제장치와 인터페이스

획득된 자료의 다양성과 정확성의 증가로 사격통제장치에 대한 기여도가 증가하게 됨으로써, 사격통제장치와의 인터페이스는 더욱 긴밀해지고 있다. 새로운 개념의 체계기술로는 컨포멀(Conformal) 배열 레이더, 초 광대역 레이더, 바이스태틱(Bistatic) 레이더 기술이 연구 개발되고 있다.

컨포멀 레이더는 주로 항공기 탑재 다기능 레이더로 사용되는데, 안테나는 항공기 표면의 일부로 작용함과 아울러 RCS를 감소시키며, 여러 개의 전자 주사빔을 사용하여 다목적으로 운용한다.

초광대역 레이더는 지표면/수면 침투, 표적영상 추출, 클러터 제거 및 대 전자전 능력이 우수하며, 저 RCS 표적 등에 효과적으로 대응하기 위해 사용된다. 향후 고출력, 광대역 특성을 얻기 위해 안테나 및 송신파형에 대한 집중적인 개발이 이루어질 것으로 판단된다.

바이스태틱 레이더는 송신기의 위치와 수신기의 위치를 분리함으로써 대 전자전 능력이 뛰어나고, 스텔스기나 소형 미사일의 탐지에 유리한 장점을 지닌다.

(3) 초고주파 기술

초고주파 기술은 안테나, 송신기 그리고 수신기에 적용되는 기술로서 현재까지는 이를 각각의 기술 분야로서 취급하여 왔으며, 탐지레이더와 추적레이더는 송신기를 제외한 안테나와 수신기 부분에서 다소간의 기술적 차이를 보여 왔다. 그러나 최근 방사기를 포함한 송수신 모듈을 안테나의 구성소자로 사용하는 배열형 레이더의 경우 초고주파회로 모듈화 기술(물론 구성회로의 특성별 기술은 다를 수 있지만)과 방사소자 배열기술로 구분/취급되기도 한다.

(4) 안테나

안테나는 전자적 빔 제어가 가능한 수동 또는 능동배열 안테나를 개발하는 것으로서, 평판형은 이미 실용화되었고 곡면형(단순곡면은 실험단계인 것으로 판단됨)은 이론연구 단계에 있다. 소요 기술분야는 빔 특성 제어(이득 및 빔폭, 저부엽, 초분해능력, 적응형 부엽제어)와 대 전자전용 안테나기술 등이다.

(5) 신호처리기술

신호처리기술은 시간 및 주파수 영역에서 펄스 간 또는 주사 간 변화를 처리/감지하여 표적자료를 추출하는 것으로서, 이동표적 지시, 오경보 제어, MAP 처리, 대 전자전 신호처리, 표적정보 추출 등의 기능을 수행한다. 처리능력은 부품의 동작속도와 메모리의 저용량 및 액세스 시간에 많은 제약을 받게 된다. 컴퓨터의 고속화, 특수목적 처리기와 메모리 부품의 급속한 발전으로 처리능력이 확대되고 추출자료의 다양화와 정확성이 향상됨으로써 레이더의 다기능화에 크게 기여하고 있다.

제 2 장

정보 및 전자전

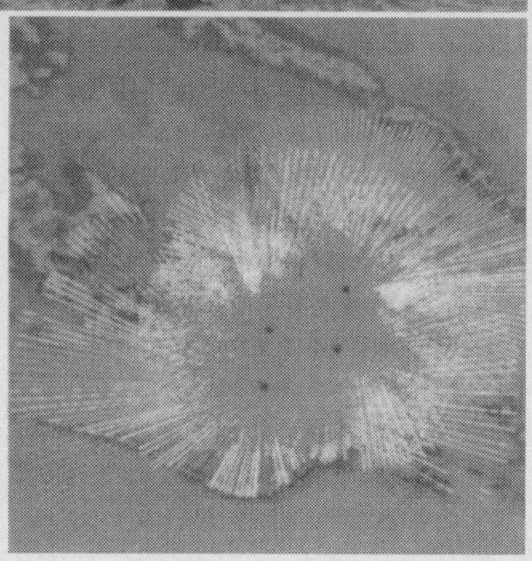

제 1 절 정보무기체계

1.1. 개 요

현대전은 최첨단 정밀무기를 사용하여 적의 전략 및 작전적 중심을 선제 파괴함으로써 적의 전쟁수행 의지를 초기에 분쇄하여 피를 흘리지 않고도 승리를 보장하는 양상을 보이고 있다. 이는 적의 상황을 손바닥 보듯이 할 수 있는 정보수집 수단의 발달로 가능하게 되었다. 특히 군사위성을 이용한 정보수집까지 가능하게 된 오늘날에는 정찰 항공기를 적절히 배합 운용함으로써 보다 신속 정확한 정보를 얻게 되었다. 이러한 정찰능력은 과학기술의 발달과 지휘관의 요구수준 증가로 지속적으로 발전되고 있다.

정찰을 위한 기본적인 체계는 각종 수집센서(장비)의 탑재 수단 '운반체'와 영상/표적 정보와 통신/전자 정보 등을 획득하는 '탑재체'(수집센서), 그리고 수집된 자료를 전송 및 전파하는 '전파체계'로 구성된다.

1.2. 정보무기체계

1. 운반체(탑재수단)

정보수집장비의 탑재수단은 전략 및 전술정찰 요구를 충족시키기 위해 위성, 유인항공기, 무인항공기 등 다양화되고 있다.

위성은 광역정보 획득이 가능하고 항공기에 의한 정찰보다 안전하고 경제적이며 해상도가 향상됨으로써 위성의 전략정보 수집 역할이 증대되고 있다.

위성체계는 해상도 기준으로 정보수집용(1m 이하), 정찰용(1~10m), 원격탐사(10~100m) 등으로 분류할 수 있다. 이중 원격탐사용은 국제법상 해상도를 10m 이상으로 합의되었으나 고해상도로 향상 조정되는 추세이며, 정보수집용 위성도 계속 발전되고 있는 추세로서 15cm 이하까지 가능할 것으로 보인다. 위성체계의 단점은 정보수집활동이 제한된 시간에 일정지역으로 제한된다는 점이다.

위성 중에서 정찰위성은 보안성이 가장 높고 실체파악이 어려운 위성이다. 미국의 정찰위성을 살펴보면 빅 버드(Big Bird) 시리즈, 키홀(Key-Hole), 라크로스(Lacross) 시리즈, 애쿼케이드(Aquacade)와 매그넘(Magnum) 등의 코드명으로 알려져 있는 군사용 정찰위성 등이 있다. 빅 버드는 카메라에 의한 사진촬영위성으로 초기에는 영상자료로 회수하는 방식을 택하였으나 최근에는 사진을 스캔하여 무선으로 지상으로 전송하고 있다. 키홀 시리즈 등의 최신 영사위성은 고정밀도의 전하결합소자(CCD : Charge Coupled Device) 센서를 갖춘 2.3m의 반사 망원경을 사용하며, 근본적으로 허블 우주망원경과 동일하나 관측대상이 우주와 지구라는 차이에서 센서 대역은 상이하나, 구조 및 기본기술은 허블 우주망원경과 동일하며 분해능력은 약 15cm로 추정된다. 또한 SAR(합성개구 레이더)이 탑재된 라크로스 시리즈는 정밀도가 2~3m 이하까지 향상되었다.

애쿼케이드/매그넘은 신호정보(SIGINT) 위성으로 적의 미약한 무선신호(전자, 통신)의 감지가 목적으로 정지궤도상에 배치되어 야구장 내야 정도의 크기를 갖는 안테나를 장착하고 있다.

세계 최초로 인공위성을 발사한 구소련(러시아)에서는 군사용 정찰위성을 수적으로는 미국의 2배 이상을 발사하였으며, 특히 코스모스 시리즈를 발사하여 영상 및 신호정보를 수집하였다.

2. 영상정보(IMINT : Imagery Intelligence) 수집장비

탑재체 중에서 영상정보 수집센서의 종류는 광학(Camera), 전자광학

(E.O), 적외선(IR), 레이더(SAR) 장비가 있으며, 이들은 각각 특성이 달라 상호 보완적으로 복합 운용되어 주야간 전천후 영상정보를 수집 지원하고 있는 체계로 지속적으로 발전되고 있다.

광학영상은 주간의 양호한 날씨에 항공사진을 촬영하여 지상에 필름 및 사진으로 영상을 재생하여 사용한다. 분해능력 면에서 가장 우수하기 때문에 정밀분석 요구 시 사용되나, 시정이 나쁠 때는 전자광학 영상에 비해 영상의 질이 떨어지는 등, 기상, 촬영고도, 정찰거리에 따라 가시거리가 짧아질 경우에는 영상의 질이 급격히 떨어지는 단점이 있다.

전자광학 센서는 반도체 소자인 CCD를 감지센서로 사용하여 디지털 방식으로 영상을 획득하고 이를 압축시켜 전송하는 정보수집 센서이다. 이 전자광학 센서는 고감도 성능으로 수집된 영상을 실시간 전송하여 지상에서 디지털 처리 기법 발전으로 광학센서보다 유리하여 전자광학 센서로 대체되는 추세이다. 광학영상에 비해 영상의 질이 떨어지나 정찰거리가 멀어지거나 시계가 나쁜 기상에서 촬영할 때에는 광학영상에 비해 양호하고, 새벽부터 황혼까지 촬영이 가능하다. 왜냐하면 광학영상은 주로 가시광선 영역의 빛에만 반응하는 반면 전자광학 영상은 보다 넓은 파장의 적외선 일부 영역까지 감응하기 때문에 촬영가능 시간이 연장되는 것이다.

[그림 2-1] IR 센서

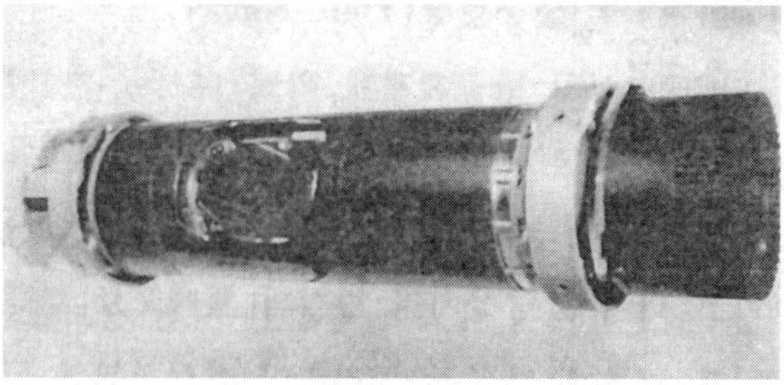

MDS 610

[그림 2-2] 고·중·저 고도 E.O 센서

적외선 센서는 물체가 지니고 있는 고유한 복사에너지 차이를 검출하여 영상화하는 장비이며, 적외선 영상은 숲 사이의 위장된 표적, 야간 표적에 대한 탐지가 가능하며, 상승단계에 있는 미사일 발사대 위치식별 및 피격지점 예측 제공이 가능하다. 무인항공기용으로 활용이 증대되고 있다. 적외선 영상은 주야간에 적의 이동상황을 탐지하기 위하여 다양한 탑재수단에 사용할 수 있는 정보수집 센서로 발전하고 있으며, 특히 무인항공기용으로 활용이 증대되고 있다.

레이더 영상은 고고도 장거리 운용이 가능하여 적의 공격으로부터 안전한 지대에서 정보수집을 할 수 있으며 야간 및 악천후에도 지속적으로 정보수집이 가능하다. 또한 지상의 이동표적에 대한 식별이 용이하며 영상전송 링크가 전자광학과 동일하므로 필요할 때에는 동일 운반체에 탑재하여 동일한 전송 링크의 사용이 가능하다. 레이더 영상은 가시광 영역에서 획득할 수 있는 세밀한 영상을 수집할 수 없기 때문에 서로 상호 보완하여 운용하여야 한다.

3. 신호정보(SIGNT : Signal Intelligence) 수집장비

신호정보 수집장비는 적의 방사기로부터 방사된 전파를 도청하여 해독하는 장비 및 수단을 말한다. 신호정보 수집장비는 주파수 대역이 광대역화 추세로 개발되고 있으며, 다수 표적의 동시처리 및 표적 방사기로부터 방사된 전파의 초기탐지시간을 단축시키기 위한 노력이 계속되고 있다. 또한 고도의 식별능력을 갖춘 전산 및 자동화 체계의 구축으로 짧은 시간 내에 이루어지도록 발전되고 있다.

전자정보(ELINT : Electronic Intelligence)는 적이 보유한 모든 종류의 레이더를 대상으로 적의 전투서열(EOB : Order of Battle)을 파악하고, 전자공격(EA : Electronic Attack) 및 전자보호(EP : Electronic Protection)장비에 사용할 수 있는 정보를 수집하며, 전시에 우군기의 자유로운 임무수행을 보장하기 위해서는 적의 전자전 전투서열의 이동상황이나 바뀌는 전자정보를 수집하고 파괴가 요구되는 적 전자무기 및 통신시스템의 성능을 파악해야 한다. 이를 위해서 주로 대형기를 개조한 전자정찰기 및 고속전술기를 이용한 전자정보 수집활동이 이루어지고 있다.

통신정보(COMINT : Communication Intelligenc)는 적 지역 내에서 행하여지고 있는 통화내용을 공중에서 감청하여 우군에게 제공하기 위한 곳으로 그 중요성은 점점 증가하고 있다.

1.3. 세계적 발전추세

오늘날 정찰활동은 과거의 단순한 적의 위치파악과 폭격피해 평가를 위한 정찰에서 적의 전자전 장비의 종류, 위치, 능력을 탐지하는 전자정찰과 적의 통신망을 감청하고 주파수 특성을 분석하는 통신정찰, 나아가 항로 및 목표지역의 기상정찰로까지 발전하고 있다.

영상정보체계는 다중센서의 복합운용으로 상호 보완하여 주야간 전천후 감시능력을 갖추며, 실시간 영상전송체제를 구비하여 정보의 적시성 및 정확성을 향상시키고 디지털 영상처리 방식의 채택으로 컴퓨터를 이용한 영상처리기술이 현실화되고 있다. 또한 장비가 작아짐에 따라 유무인기 및 군사위성에 탑재되어 다양화되고 있는 추세이다.

신호정보체계는 주파수 대역이 광역화되고 신호처리 방식이 디지털처리 방식으로 전환되고 있으며, 데이터 펄스를 초기에 탐지, 획득, 분석이 가능하고 신호처리 능력이 자동화되어 가고 있다. 또한 진보된 신호기술에 대한 ES 능력 개발과 EP 기술에 대한 ES 기술의 대응능력을 향상시키고 있는 추세이다. 또한 연구개발비의 부담을 줄이고 융통성 있는 전력 운용을 위해 정찰장비를 포드(pod)화하며 기존 및 신예전투기나 전략폭격기를 개조 운용하고 있다. 지속적인 전자공학 및 영상판독 능력 향상과 소프트웨어 개발 등으로 무인항공기나 군사위성에 의한 영상 및 신호정찰 임무가 확대되고 있다.

제 2 절 전자전 장비

2.1. 개 요

과학무기가 고도로 발달한 오늘날의 전쟁은 직접적인 파괴력을 가진 포탄의 발사로부터 시작되는 것이 아니라 소리 없이 은밀히 수행되는 각종 형태의 전자전으로부터 시작된다. 전자전은 상대방의 귀와 눈은 멀게 하면서 나의 눈과 귀는 보호하는 중요한 역할을 담당한다. 따라서 적의 공중공격을 최대한으로 분쇄하고 아군의 공중공격 및 방공작전의 효과적인 수행을 위해서 전자전 작전(Electronic Warfare Operation)은 필요 불가결한 절대적 요소라 할 수 있다. 전자전 장비 및 무기 없이 오늘날의 현대화된 군대는 생각할 수 없는바, 육해공군을 막론하고 작전지휘 및 합동작전을 위하여 각종 통신장비를 사용하고 있는 관계로 적의 전자활동을 방해하고 기만하여 그 작전기능을 저지시키려는 쌍방의 노력은 필연적인 요소가 되어가고 있다.

전자전이란 통신전자기술에 의하여 긴밀히 수행되는 전파전쟁이라고 간단히 말할 수 있는데, 적의 전자파 사용을 탐지, 이용, 감소 또는 방해하고 아군의 전자파 사용을 보호하기 위한 전자에너지의 사용과 관련된 군사활동을 의미한다.

전자전은 적의 전자파 사용효과를 약화 내지 무력화시키기 위한 전자공격(EA : Electronic Attack)과 적으로부터의 전자공격에 대처하기 위한 전자보호(EP : Electronic Protection), 그리고 전자정보 획득을 위해 이들보다 앞서 수행되는 전자전 지원(ES : Electronic Warfare Support) 등의 목적을 위하여 사용되는, 체제, 전술 및 기법 등을 모두 포함한다.

2.2. 전자전 발달사

전자전이란 말은 근래에 와서 많이 등장하지만 실은 그 역사를 더듬어 보면 인간이 전기적 방법으로 통신을 시작하면서부터 무선침묵, 암호 및 기만통신 등으로 사실상 전자전을 수행해 왔다고 할 수 있다.

전자전의 주요 개념인 '방해'의 목적으로 전파를 이용한 최초의 시도는 1904년 러일전쟁 시에 있었다고 하나 보편적인 전자전의 시초는 1916년 제1차 세계대전 중 독일함대의 움직임을 탐색하기 위하여 영국 제독 헨리잭슨(Henry Jackson) 경이 도버해협의 해안 무선방향 탐지기를 사용한 것으로 실제로 1차 대전 중 영국과 독일 사이에 사용 주파수 변경 및 전자방해 수단 등이 제한적으로나마 사용되었다.

그러나 전자전이 어느 정도 형태를 갖추고 치열한 경쟁의 분야로 발전한 것은 2차 세계대전이라고 할 수 있는데 1934년 레이더 개발을 계기로 전자기술 분야가 크게 발전되면서 특히 레이더와 무선항법장비가 발전되어 윈스턴 처칠이 소위 '마법의 전쟁(Wizard War)'이라 일컬은 전자전이 본격적으로 시작되었다.

대전 초기 전자전을 '빔의 전투(The Battle of the Beam)'라 불렀는데 이는 전파와 전파의 싸움이라는 뜻으로 2차 대전 중 이러한 전파에 의한 전투의 예는 찾아볼 수 있다. 2차 대전 중 독일은 야간 또는 악천후

시 폭격기를 목표지점에 유도하는 무선항법체계로 로렌츠(Lorentz) 시스템을 고안하였는데 두 개의 지향성 무선빔을 사용, 영국 내의 목표지점에 교차하게 하였다. 따라서 독일 폭격기는 하나의 전파빔을 따라 비행하다가 교차점에 이르러서 폭탄을 투하하는 방식으로 하방이 시계가 불량한 상태에서도 폭격이 가능하였다. 이에 대해 영국은 이 항법장비의 존재를 인지하고 신호를 접수, 분석하여 방해전파를 송출하는 미코닝(Meconing) 교란기를 개발하였고, 독일의 폭격기는 혼란에 빠졌으며 목표지점에 정확히 떨어진 폭탄의 수는 종전에 비해 1/4로 현저히 감소되었다.

이러한 무선항법체계에 대한 대응 이외에 영국은 1941년 최초로 통신교란기를 항공기에 탑재하여 운용하였으며, 1943년 네덜란드와 프랑스 해안선을 따라 설치된 독일의 방공레이더를 교란하기 위하여 윈도우(Window)라고 불리는 은박을 살포하였는데, 이것이 오늘날의 채프(Chaff)로 당시 우수한 독일의 방공감시체계에 예상외의 큰 효과를 나타냈었다.

연합국은 1945년 노르망디(Normandy) 상륙작전 시 연합군의 공격작전을 은폐시키기 위해 대규모 전자전을 실시, 전자적 전파방해와 기계적 전파방해로 해안선에 전개된 독일의 레이더망을 봉쇄하고 대공무기와 화력통제 레이더와 지휘통신망을 교란하여 상륙작전을 성공적으로 수행하였다. 이 노르망디 상륙작전은 연합군의 승리에 결정적으로 기여한 2차 대전 당시로서는 대표적인 전자전 작전으로 이때부터 전자전은 항공전에 있어서 필수적인 존재로 부각되었다.

본격적으로 대규모 전자전이 실시되었던 전쟁은 베트남전으로 장비나 기술면에서 세계최강의 미 공군과 해군은 월남전에서 많은 희생과 함께 뼈아픈 교훈을 경험했다. 즉, 미국에 비해 10년 이상 뒤져 있다고 믿었던 구소련의 레이더 유도 지대공 미사일(SAM)에 다수의 항공기 손실과 함께 치열한 전자전을 체험한 것이다. 1965년 미국의 북폭 시 월맹은 SA-2와 57mm 대공포로 각각 고공 및 저공에 대한 방어망을 구축하여 다수의 F-4와 B-52 항공기를 격추시켰다. 결국 미국은 전자공격(EA)장비와 레이더 경보장치(RWR)의 부족을 통감하고 B-66 전술폭격기에 EA 및 경보장치를 탑재하여 EB-66으로 개조, 전자지원 및 전자정찰을 수행케 하는 한편, EA-6B를 운용하고 F-100, F-105, F-4, B-52 항공기 등에 자체 보호용 전자공격장비를 장착하여 생존성을 증대시켰다.

이에 대하여 월맹은 여러 가지 전자보호(EP)기법을 동원하였으며, 미국은 월맹의 레이더 기지와 지대공 미사일 전파를 전자정보수집장비에 의해 발견하여 대 레이더 미사일(ARM : Anti-Radiation Missile)로 제압하는 와일드 위즐(Wild Weasel) 작전에 의하여 겨우 B-52의 소모율을 저하시킬 수 있었다. 베트남전은 본격적인 전자전 시대의 개막을 가져왔고 기술 및 운용 부문에서 동서 양진영의 전자전 대결 및 신장비의 실험장으로서의 역할을 제공했다.

그러나 베트남전의 귀중한 교훈에도 불구하고 1973년의 제4차 중동전쟁(Yom Kipper)에서 이스라엘은 아랍 방공체계에 의해 다시금 뼈아픈 경험을 치르게 되었다. 이스라엘 공군은 베트남전에서 등장한 바 없는 구소련제의 새로운 방공체계에 대하여 충분한 사전정보 없이 기술적 기습을 받게 되었는데, 이 전쟁에서 총 100대 이상의 항공기가 손실되었다.

[그림 2-3] SA-3 고아 미사일

[그림 2-4] SA-6 게인풀 미사일

이집트군은 SA-2 미사일 외에 저공침투를 방어하기 위한 새로운 지대공 유도탄인 SA-6와 견착식 열추적 미사일 SA-7, 그리고 레이더 통제용 ZSU-23/4 고사포로 장비하였고 수동적인 통신감청장치뿐만 아니라 주파수 탐지식별장비, 방향탐지장비를 포함하여 광대역 전파교란(Barrage Type Jamming)장비 등 풍부한 전자전 장비를 구소련 측으로부터 지원받고 있었다. 그러나 이스라엘 측은 빈약한 전자정보(ELINT : Electronic Intelligence) 때문에 아랍 측의 방공체제에 대적할 만한 전자공격장비의 준비가 부족하여, 개전 초기에 이스라엘은 78대의 항공기를 손실하는 등 타격을 받게 되었다.

상기 교훈을 바탕으로 이스라엘은 1982년 6월 레바논 전쟁(일명 베카계곡 전투)에서 완벽한 전자전을 구사해 베카계곡에 설치된 시리아의 SAM 기지를 항공기 손실 없이 완전히 제거할 정도로 발전된 전자전 역량을 보이게 되었다.

1991년 1월 17일에 발발한 걸프전쟁에서 개전 초기에 예상했던 바와 같이 다국적군에 의한 공중공격으로 시작되었으나 걸프전에서는 지상 감청으로부터 JSTAR(Joint Surveillance And Target Attacking Radar System : 합동감시, 표적공격 레이더 체계) 및 위성을 총망라한 광범위한 통신전자 정보 수집체계를 활용, 개전 전 충분한 정보를 수집해서 전자전투 수행, 공중공격 능력을 극대화하였으며, 적 지휘통제체계 및 방공망을 치명적으로 마비시켜 적의 전투의지를 무력화시킴으로써 다국적군이 승리하였다.

한마디로 오늘날의 전자전 기법은 월남 및 제4차 중동전에서 정립되었고, 1982년 베카계곡 전투와 사막의 폭풍작전이 아니라 전자적인 폭풍작전(Electric Storm)이라고 일컬어지는 최근의 걸프전쟁을 통해 현대전에 있어서 전자전의 중요성을 입증시켜 줌으로써 전자전은 현대 및 장차전에서 전쟁의 보조수단이 아닌 주역으로 등장하게 될 것으로 보인다.

2.3. 전자전 개념과 분류

1. 전자전(EW) 개념

미 공군은 1980년 전자전투(EC : Electronic Combat)라는 개념을 확립하였는데 전자전투는 전자전(EW : Electronic Warfare), 지휘통제전(C^2W) 및 대공제압(SEAD : Suppression Of Enemy Air Defense) 등으로 구성된다.

전자전은 전자지원(ES), 전자공격(EA), 전자보호(EP)로 구분하였으며, 지휘통제전(C^2W)은 작전보안(OPSEC), 심리전(PSYOP), 군사기만, 전자전(EW) 및 물리적 파괴로 구분하였다.

대공제압(SEAD)은 정밀유도무기를 주로 사용하여 레이더를 파괴했던 하드 킬(Hard Kill, 전자방해나 기만은 Soft Kill이라 부름)을 정리한 개념으로의 파괴와 운용중지 등이 포함된다.

걸프전이 끝나고 미 합참은 전자전 및 지휘통제전 개념을 보다 공세적으로 확대하여 재정립하였다. 이러한 변화는 레이더뿐만 아니라 전자스펙트럼의 군사적 적용 영역이 확대되었기 때문이며, 걸프전에서 얻은 교훈을 바탕으로 장차전에서 전쟁 승패의 중요한 관건은 신속 정확한 정보획득과 보호, 효율적인 지휘통제 및 전자전임을 인식하여 기존의 개념을 변경하였다. 즉 전자전이란 적을 공격하거나 전자기 스펙트럼을 통제하기 위한 목적으로 전자기 및 지향성 에너지를 사용하는 모든 활동으로 정의하고, 전자공격(EA), 전자전 지원(ES) 및 전자보호(EP)의 3개로 구분하였다.

(1) 전자공격

전자공격(EA : Electronic Attack)은 적의 전투능력을 저하, 무력화 또는 파괴할 목적으로 인원, 시설 또는 장비를 공격하기 위해 전자기 또는 지향성 에너지를 사용하는 것을 말하며, 대방사 미사일(ARM : Anti-Radiation Missile) 사용, 지향성 에너지 운용, 전파방해 및 전자기만 등이 포함된다.

(2) 전자전 지원

전자전 지원(ES : Electronic Warfare Support)은 위협을 신속히 인지할 목적으로 의도적 또는 비의도적으로 방사되고 있는 전파에너지원의 탐지, 식별 및 위치 확인 등의 제반 활동을 말하며, 위협방향 탐지와 위협경보가 있다.

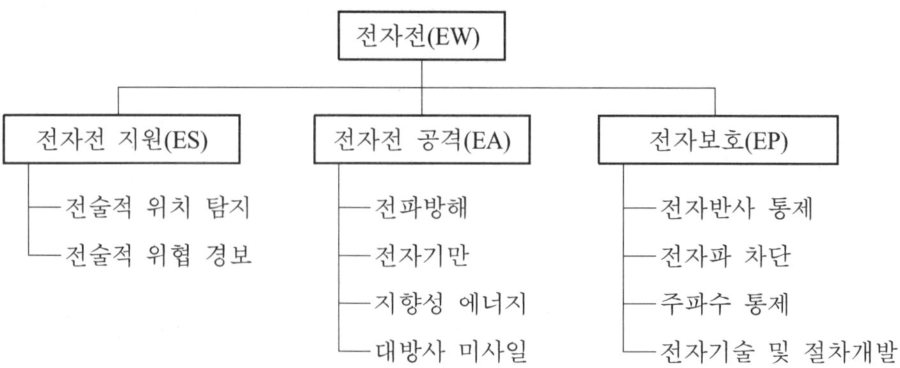

[그림 2-5] 새로운 전자전(EW) 개념

(3) 전자보호

전자보호(EP : Electronic Protection)는 우군의 전자전투 능력이 저하, 무력화 또는 파괴될 우려가 있는 전자전의 영향으로부터 인원, 시설 또는 장비를 보호하기 위해 취해지는 제반 활동을 말하며, 대 전자공격(Anti-EA)과 적의 우군에 대한 첩보수집 능력을 최소로 억제하는 대 전자전 지원(Anti-ES)으로 구분되며, 여기에는 방사통제(EMCDN : Emission Control), 전자기 내성화(Electromagnetic Harding), 주파수 회피, 전자적 기법/방식 및 제반 절차 등이 포함된다.

2. 전자기 스펙트럼과 군사적 활용

적의 위협으로부터 아군을 보호하거나 적을 추적 공격하기 위해 전자기신호(Spectrum)를 사용하게 되는데 그 범위는 다음 그림에서 보는 바와 같이 지휘통신(HF~UHF)으로부터 레이더뿐만 아니라 적외선(IR), 레이저(LASER), 가시광선(EP) 및 자외선(UV) 등 광범위한 전자기 스펙트럼을 군사적으로 활용하고 있다.

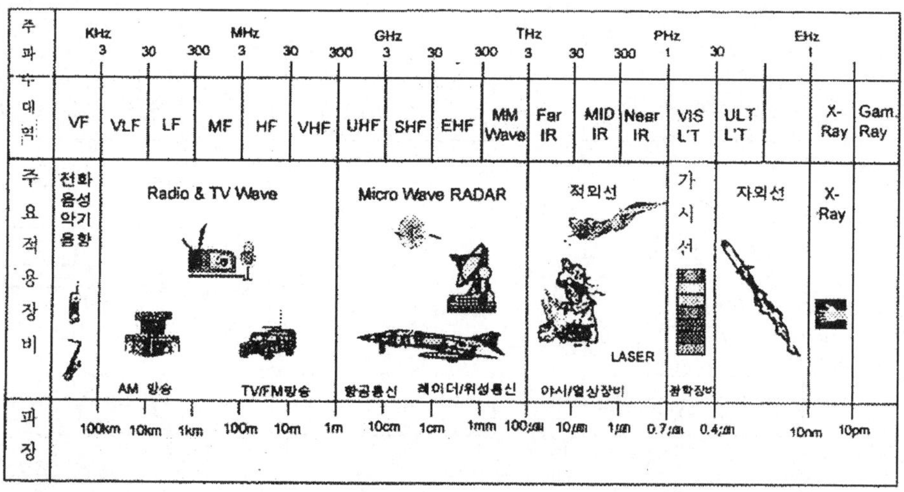

[그림 2-6] 군사적 활용도에 따른 전자 스펙트럼

전자전(EW)은 이러한 전자기 스펙트럼의 사용을 적으로부터 보장받거나 적의 활동을 적절히 거부하는 군사활동이라 할 수 있다.

3. 지휘통제전(C^{2}W) 및 정보전(IW)과 전자전(EW)과의 관계

지휘통제전(C^{2}W : Command and Control Warfare)은 적의 정보활동을 거부하고 지휘통제 능력에 영향을 미치며, 기능을 저하 또는 파괴하기 위해 정보지원하에서 작전보안(OPSEC), 군사적 기만, 심리전(PSYOP), 전자전(EW) 및 물리적 파괴 등 5개 요소를 단독 또는 통합 사용하는 군사활동을 말하며, 적의 지휘통제 능력을 약화 또는 파괴시키는 대응 C^{2}와 우군의 지휘통제 체제를 보호하는 보호 C^2 2개 분야로 구분된다.

이와 같이 전자전(EW)과 지휘통제전은 밀접한 관계가 있으며, 전자전은 적의 지휘통제체제를 직접 공격하거나 다른 전투활동을 지원하고, 전자·통신 교란뿐만 아니라 전자무기체계의 기능을 마비시키는 지향성 에너지 무기 등의 타격수단도 포함되도록 범위가 확대되었다.

정보전(IW : Information Warfare)이란 아군의 정보와 정보체계를 보호하고 보장하는 한편, 적의 정보와 정보체계에는 영향을 미침으로써 군사전력을 지원함에 있어 정보우위를 달성하기 위해 취하는 방책이다.

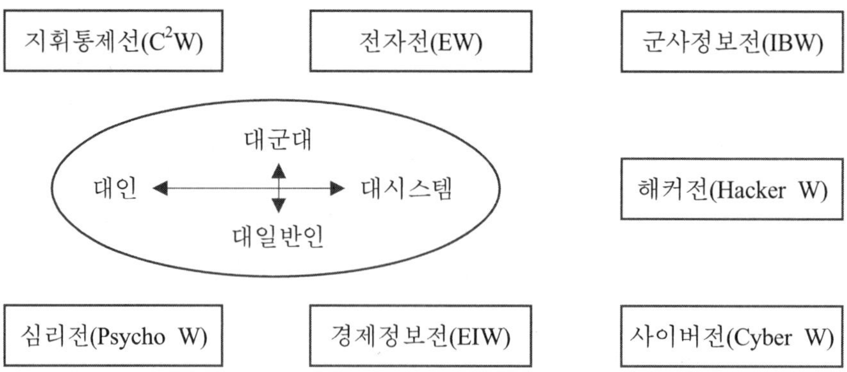

[그림 2-7] 정보전(IW)의 구분

[그림 2-8] 전자전의 개념도

이러한 정보전은 다음과 같은 일곱 가지 유형으로 구분하고 있다.

• 지휘통제전
• 전자전
• 심리전
• 군사정보전(LBW)
• 경제정보전(EIW)
• 해커전
• 사이버전

앞서 언급한 바와 같이 지휘통제전, 전자전 및 심리전은 직접적인 군 장비 및 군인에 대한 군사적 활동이며, 군사적 정보체계를 대상으로 군사정보전은 센서, 송수신기, 처리기들을 정찰, 감시, 표적획득 및 피해평가를 통합, 의사결정 등을 보장하거나 거부하는 작전을 말한다. 해커전, 사이버전, 경제정보전(EIW) 등은 컴퓨터 프로그램과 데이터베이스, 컴퓨터 네트워크 등에 대해 보호 또는 공격하는 군사활동이라 하겠다.

2.4. 형태별 전자전의 원리

1. 전자적 방해(Electronic Jamming)

강력한 전파방해 송신기를 사용해 적의 레이더에 대하여 방해전파를 송출하는 방식으로 자신을 탐지하지 못하게 하거나 탐지에 지장을 주는 것으로 전자전 환경 및 특성에 따라 다양한 형태로 수행되는데 사용전파의 변조 방식 및 주파수 운용폭에 따라 분류할 수 있다.

변조 방식에 의한 분류에는 지속파(CW : Continuous Wave) 방식, 펄스(Pulse) 방식, 잡음(Noise) 방식이 있고, 주파수 운용폭에 의한 분류에는 점 재밍(Spot Jamming), 소인 재밍(Sweep Jamming), 광대역 재밍(Barrage Jamming)이 있다.

(1) 지속파 방식 재밍

지속파(CW : Continuous Wave) 방식 재밍은 변조하지 않은 지속파에 의한 방해로서 재머 장비는 비교적 간단하며 이 방해를 받으면 레이더 콘솔은 하얗게 포화된다. 근거리에서만 효과적이고 대형항적은 포착이 가능하며 적의 EP에 취약한 면이 있다.

(2) 펄스 방식 재밍

펄스(Pulse) 방식 재밍은 펄스파에 의한 방해로 지속파 방식과는 달리 레이더 콘솔 전면에 점이 나타나 어떤 것이 실제 표적인지 구별할 수 없게 한다.

(3) 잡음 방식 재밍

잡음 방식 재밍은 일명 포화 재밍(Saturation Jamming)이라고도 불리며 불규칙적으로 변조한 전파를 송신하여 적 레이더 장비에 심한 잡음을 수신케 하여 기능을 약화 내지는 마비시키는 것으로 콘솔 전면에 수많은 점이 모래처럼 하얗게 포화된다. 방해 주파수 대역을 넓게 할 수 있기 때문에 EP 대처가 비교적 어렵다는 장점이 있다.

(4) 점 재밍

점 재밍(Spot Jamming)은 협대역 방해 방식으로 적의 송신주파수를 정확히 알고 있을 때 가능하며 그 주파수에 동조시켜 적 레이더를 연속적이고 집중적으로 방해할 수 있는 것으로 마치 소총으로 정확한 목표물을 찾아내어 계속 명중시켜 목표물에 타격을 주는 것과 같다. 단일 주파수를 사용하므로 재밍 장비의 추력이 비교적 약해도 효과적으로 방해 가능하나 동시에 여러 대의 레이더를 방해할 수 없고 주파수가 약간만 틀려도 효과가 없다. 따라서 지속파 재밍, 잡음 재밍, 펄스 재밍 중 한 가지의 재밍 원리를 선택 동조시켜야 효과적이다. EP로는 주파수 변경이 효과적이다.

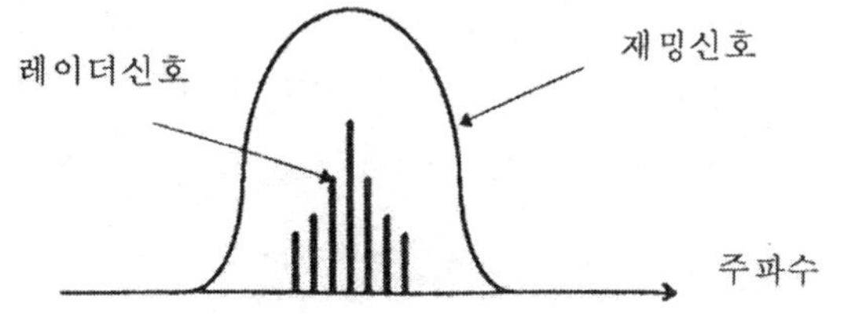

[그림 2-9] 점 재밍(Spot Jamming)

(5) 소인 재밍

소인 재밍(Sweep Jamming)은 적 레이더 주파수 대역 범위를 점 재밍과 같은 좁은 주파수 대역 신호를 이용하여 주기적으로 반복해서 재밍

신호를 이동시키면서 적 레이더 주파수를 추적, 동조시켜 방해하는 재밍으로 기관총을 목표물을 향해 좌우로 이동시키면서 발사하는 것과 같다. 적 레이더의 송신주파수를 정확히 모를 때 그 주파수 대역 부근에서 실시하는 것으로서 한 번에 여러 대의 레이더에 영향을 미칠 수 있는 장점도 있으나 적 레이더에 가장 치명적인 방해를 주는 최적상태에서 머무는 시간이 적으므로 타격효과가 일시적이며 적을 수 있다.

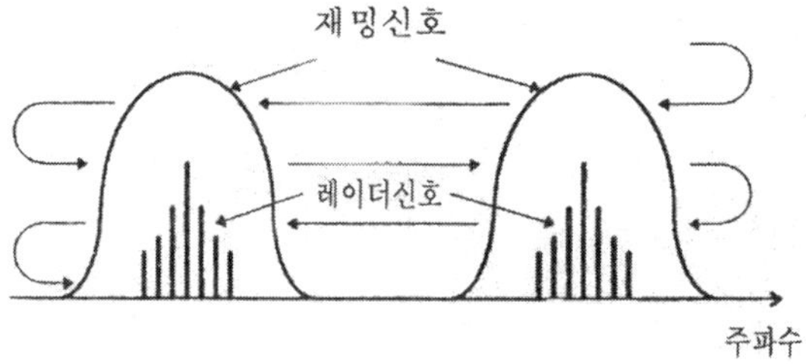

[그림 2-10] 소인 재밍(Sweep Jamming)

(6) 광대역 재밍

광대역 재밍(Barrage Jamming, Broad Band Jamming)이라고도 하는 잡음 재밍의 일종으로 적 레이더의 송신주파수를 정확히 모를 때 상대 레이더의 전 주파수 대역을 동시에 방해하는 것으로 마치 산탄총으로 표적을 사격하는 것과 같다. 주파수를 변경해도 재밍으로부터 벗어나지 못하며 특히 연속 가변주파수 레이더와 같이 주파수를 변경하여 송신할 수 있는 레이더에 대해 효과적이다. 고출력을 필요로 하는 단점이 있다.

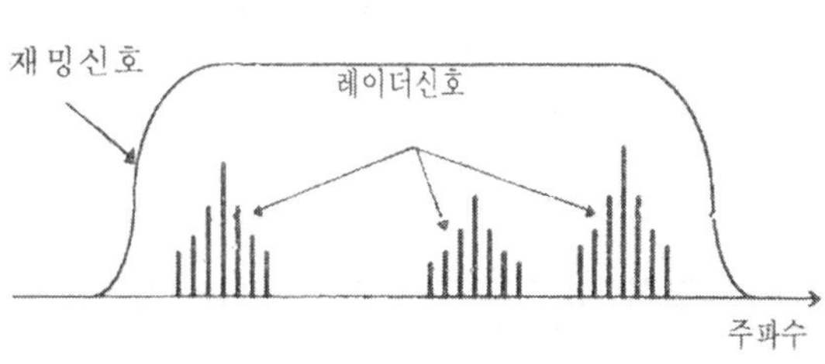

[그림 2-11] 광대역 재밍(Barrage Jamming)

2. 기계적 방해

특정 기구나 물체를 사용하여 적의 통신전자장비에서 송출된 신호를 고의적으로 반사케 함으로써 적 전자장비의 효과적인 사용을 제한 또는 거부시키는 방식의 전자공격을 말한다.

(1) 채 프

채프(Chaff)는 얇은 금속편(알루미늄 또는 금박지)을 다발로 묶어서 항공기에서 투하하면 이 금속편에 전파가 부딪쳐 되돌아감으로써 실제 목표물 탐지를 불가능케 하는 원리로서 이 다발이 흩어짐에 따라 불규칙한 구름에서 나타나는 현상과 같이 레이더 콘솔상에 나타난다.

금속편의 길이는 방해하고자 하는 전파파장의 절반(1/2)이 되도록 잘라야 효과가 크다. 주파수가 낮은 전파(파장이 긴 전파)에서는 사용이 불가능하며 300MHz 이상의 주파수에 효과가 크다.

현재에는 수신전파의 파장을 분석 후 파장에 맞게끔 공중에서 절단 살포하며, 공격기 전방으로 발사하여 적 레이더를 기만하는 채프 발사 로켓과 디코이(Decoy)도 개발 운용되고 있다.

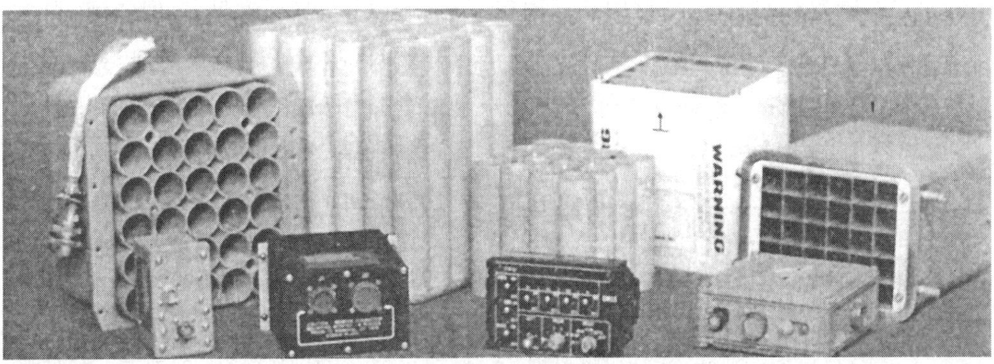

[그림 2-12] 채프 발사기

(2) 로 프

로프(Rope)는 길이가 약 400ft되는 얇고 긴 금속편을 감아서 만든 것으로 주로 300MHz 이하 파장의 전파에 대해서 효과가 있다. 금속편 줄기 끝에 연과 같은 넓은 마분지를 달아 살포시키면 마분지는 마치 연과 같이 장시간 체공하게 되고, 하나하나의 로프는 비지향성 안테나와 같은 역할로 레이더 빔을 받아 반사시켜 레이더를 교란시키게 되는 것이다. 이 로프는 콘솔상에 대량 저속침투 항적으로 판독되어 적의 대공화기(SAM/AAA) 및 요격기의 무기운용을 강요하는 효과도 있으며 600MHz 이하의 주파수에 대해 가장 효과적이다.

(3) 코너 리플렉터

코너 리플렉터(Corner Reflector)는 수직삼각변을 가진 금속편으로 기구나 낙하산에 달아 투하하기도 하고 때로는 지상이나 해상에 설치하기도 하며 작은 보트에다 세우기도 한다.

전파가 금속편에 부딪치면 이들의 모서리는 마치 거울처럼 반사되어 입사신호와 평행한 반사신호를 발하므로 크게 지향성을 가질 뿐 아니라 채프가 파장의 영향 때문에 받은 제한을 제거하여 어느 주파수에서나 많은 반사를 일으키며 레이더 콘솔상에 큰 광점으로 나타나 상대의 착오를 유발시킨다. 코너 리플렉터는 그 특유의 강한 반사성 때문에 지상에 설치하여 적 항공기 레이더에 대해 지상목표물 교란용으로 주로 사용되는데 매우 효과적이다. 항공기에서 투하 가능하나 전폭기에 적재할 수 있는 양이 한정되고 낙하속도가 빠른 단점이 있다.

3. 전자적 기만

전자적 기만이란 적의 레이더 수신장치에 고의적으로 전파를 발사하여 상대의 레이더 콘솔에 가짜 적을 출현시키거나 여러 가지 데이터,

즉 자신의 위치, 고도, 속도 및 항적수 등을 기만하여 아군에 대한 항적정보를 정확히 파악하지 못하게 하는 것으로 기만 방식은 전파방해 방식과 비교 시 상대 레이더와 비슷한 펄스로 에너지를 방출하기 때문에 고출력이 필요치 않아 전력 면에서 유리하다.

(1) 거리기만

적의 레이더 펄스를 수신하여 펄스의 특성(주파수, 펄스폭, 펄스간격, 진폭) 등을 파악하여 기만용 신호파를 만들어 적 레이더 펄스를 수신할 때마다 응답기로 기만신호파를 방출한다. 이 기만용 신호파는 실제 목표물의 발사파를 특성이 비슷한 가짜 반사파로 덮어버리고 크게 증폭된 허위표적 펄스를 실제 표적신호로 믿게 하는 것으로 통상 원추형 주사(Conical Scan) 방식을 쓰는 사격통제 레이더에 유효한데 적 레이더의 주 빔(Main Lobe)의 원추형상의 회전수를 알아내어 그 회전수와 같은 주파수로 위상(Phase)이 역으로 된 전파를 보내어 적의 원추형 주사 축을 어긋나게 한다.

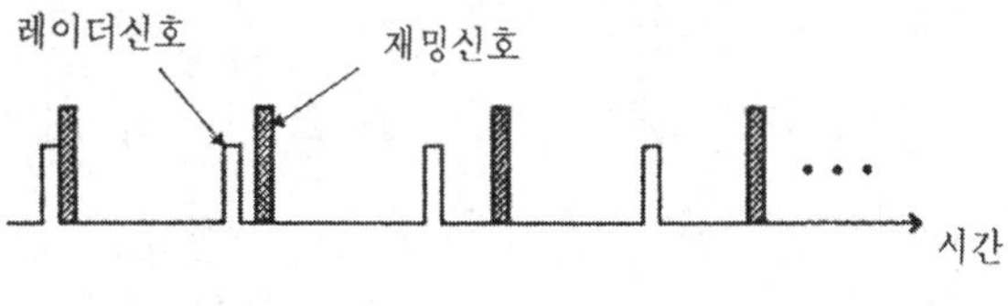

[그림 2-13] 재밍신호와 레이더 신호의 펄스열

(2) 방위기만

레이더의 특성 중 주엽(Main Lobe) 외에 몇 개의 부엽(Side Lobe)이 나오는 레이더빔(Rader Beam)의 특성을 이용하여, 부엽이 재머 쪽으로 향할 때 재머에서 전파를 발사하여 상대의 레이더 수신기가 재머 쪽에 표적이 있는 것으로 오판하게 한다.

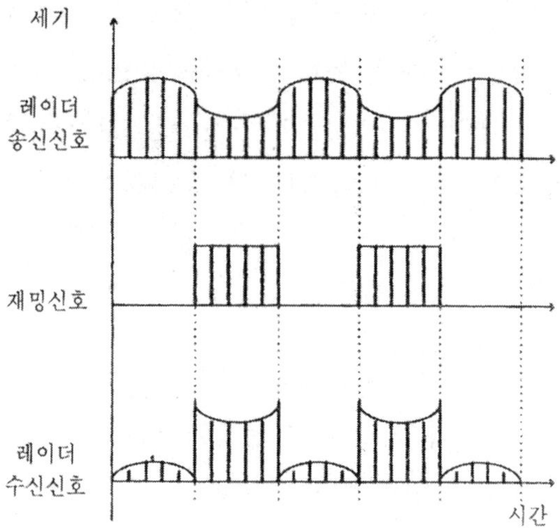

[그림 2-14] 방위기만 신호파

(3) 숫자기만

아군의 항공기 수를 기만하는 방법으로 상대의 레이더파를 수신하였을 때 일정한 시간간격으로 전자펄스를 반송함으로써 실제로 1개 또는 소수의 표적이 상대의 레이더 콘솔상에는 다수의 항적으로 표시되도록 하는 방법이다.

이 숫자기만 방법은 일정한 방향으로 다수의 가짜항적을 만들 수 있어 항공기의 비행방향을 기만하는 효과도 있다.

이러한 전자적 기만의 대표적인 장비로서 반복기(Repeater), 트랜스폰더, 추적차단기 및 허위표적 발생기 등이 있는데 응용원리 및 특성은 다음과 같다

□ 반복기(Repeater)

적의 레이더 펄스를 수신해서 증폭하고 변조하여 재방사하는 전자기만 재방사 신호는 적의 레이더 장비로부터 송신되는 신호와 레이더 수신기가 재머 쪽에 표적이 있는 것으로 오판하게 한다. 따라서 적으로

하여금 실제 침투방향과 전혀 다른 방향으로 전술조치를 취하도록 강요하게 된다. 똑같은 주파수 특성을 가지며 수많은 거짓표적을 만들 수 있다. 이 장비는 사용기술이 간단하고 가변적이고 자동적인 작동기능으로 융통성 있는 기만수단으로 많이 사용하고 있는데 방위각도와 거리를 교란시킨다.

□ 트랜스폰더(Transponder)

적 레이더 펄스와 같은 전파를 재송신하는 기능은 반복기와 같으나 장비 내에서 조정이 가능하여 수신한 펄스파를 시간지연을 두고 재송신할 수 있다. 따라서 적의 레이더파와 거의 같은 주파수 강도로 방사함에 따라 적의 레이더는 이 거짓정보를 완전하게 믿게 되고 전혀 엉뚱한 위치와 방향으로 판단하게 된다.

□ 게이트 스틸러(Gate Stealer)

레이더 콘솔상에 나타나는 목표물의 속도, 거리 또는 방위 등이 실제와 다르게 나타나게 기만하는 방법으로 주로 적 지역에 침투하는 항공기가 지대공 유도탄 레이더를 기만함으로써 유도탄 공격을 피하는 데 사용된다. 게이트 스틸러에는 거리, 속도, 방위 스틸러가 있다.

◆ 거리 게이트 스틸러

표적추적 레이더의 거리 게이트를 포착하여 되돌아가는 신호를 지연 또는 가속시켜 돌려보냄으로써 거짓정보를 주는 방법으로 적 레이더상에 표적의 거리는 실제 거리보다 매우 멀거나 가깝게 나타난다.

◆ 속도 게이트 스틸러

적의 효과적인 무장발사를 저지하기 위해 거짓 도플러 변위주파수를 만들어 내어 방사함으로써 적의 무장발사용 도플러 추적 레이더에 대해 정확한 거리측정을 곤란하게 한다.

◆ **방위 게이트 스틸러**

레이더 신호를 수신하여 각도가 다른 허위신호를 재방사함으로써 표적의 방위정보를 기만하는 장비로 이 방위기만은 주로 공중탑재 및 지상 대공화기 레이더의 표적포착(Lock On) 거부를 목적으로 실시한다.

□ 추적차단기(Track Breaker)

추적레이더에 주로 사용하는 바 추적레이더는 추적오차를 최소화하고 1개의 표적을 추적하기 위하여 게이트 회로를 사용하여 요구되는 거리나 각도 내에 있는 표적에만 집중된다. 이러한 게이트 회로에 대하여 추적차단기가 사용되는데 이것을 보통 게이트 기만장치라고 한다.

기만장치는 아군 항공기가 적 추적레이더의 표적으로 지목되었음을 탐지한 후 레이더 펄스가 수신기에 들어오면 기만장치는 언제나 커버 펄스(Cover Pulse)를 송신한다.

레이더의 추적회로는 항공기 가까이에서 가장 큰 레이더 반사파를 추적하기 때문에 커버 펄스에 대하여 추적을 옮긴다. 이렇게 되면 시간지연과 진폭변화를 적당히 조합함으로써 커버 펄스의 위치를 항공기가 위치하고 있는 방위각, 고도 또는 거리로부터 멀리 떨어지도록 할 수 있다.

□ 허위표적 발생기(False Target Generator)

허위표적을 만들어 내어 적의 레이더에 동시에 각 방향으로부터 많은 목표물이 접근하는 것같이 보이게 한다든가 또는 같은 위치에서 제 마음대로 비행하고 있는 항공기와 같이 적 레이더 콘솔상에 나타나게 하는 것이다. 반복기나 트랜스폰더와 다른 점은 적의 전파를 수신하여 재송신함으로써 거짓 목표물을 만들어 내지 않고 자체에서 신호를 만들어 내는 점이며 주로 장거리용 탐색레이더를 기만하는 데 많이 사용되고 있다.

4. 기계적 기만

기계적 방해와 마찬가지로 특정 기구나 물체를 이용하여 적의 레이더를 기만 또는 혼란시키는 것으로써 대표적인 장비로 공중투하 디코이(Decoy)가 있다.

(1) 디코이

전술 공중투하 디코이(TALD : Tactical Air Launched Decoy)는 공중에서 발사되는 방어 또는 기만용의 무인 비행체로써 종전에는 B-52와 같은 대형 폭격기에 장착되어 자체보호용으로 운용되어 왔으나 현재는 A-6, A-7, F-4, F-16, F/A-18 등 일반 전술기에도 널리 장착, 운용되고 있다.

날개는 접개식으로 발사 직후에 날개가 펴지며 엔진이 자동적으로 시동되어 실제 공기와 동일한 고도 및 속도로 비행하며 내부의 특수장치에 의해 공격기 및 공격무장의 것과 동일한 능동 또는 수동 레이더 반사신호를 방출함으로써 적의 레이더 콘솔상에 마치 대형 폭격기가 침투하는 것처럼 나타나게 한다. 공중투하 디코이는 레이더 콘솔상의 허위표적 포화로 적으로 하여금 무위의 시간과 노력 및 고가의 지대공 유도탄을 낭비토록 유도하고, 적의 요격기를 유인하고 적의 방공레이더 위치 및 주파수를 노출케 하는 효과가 있다.

최근 걸프전에서 다국적군은 개전 초기에 다량의 공중투하 디코이를 사용하여 이라크 방공부대를 교란시켰는데 전쟁 초기에 이라크 측이 주장한 많은 수의 다국적군 항공기 격추도 사실은 바로 이러한 공중투하 디코이였다는 것이다.

□ 디코이 종류

- 적외선 유도방해(IRCM : Infra-Red Counter Measure) 디코이는 적이 발사한 적외선(IR) 추적미사일을 회피하기 위하여 사용된다.

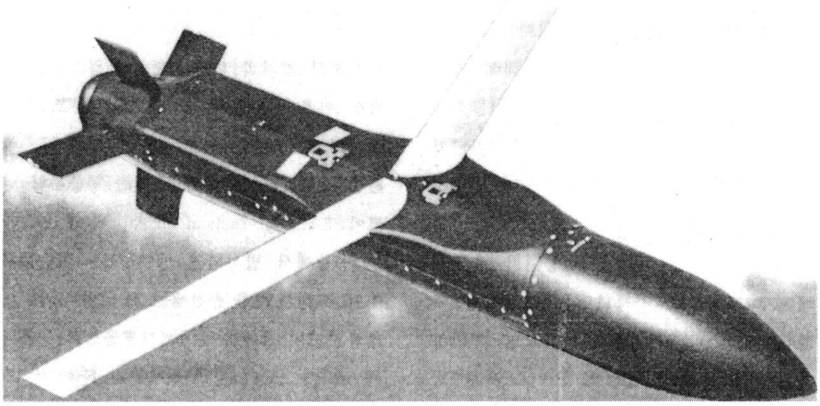

[그림 2-15] 디코이의 실물

- 대 레이더 미사일(ARM : Anti-Radiation Missile) 디코이는 탄두와 레이더 수신기를 장착 레이더 기지를 공격하는 공격무기로 사용하기도 한다. 최근에 개발된 디코이는 기수부분에 코너 리플렉터(Corner Reflector)를 장착하거나 전자적 재머를 장비하여 EA용으로 사용되기도 하는데 이 공중투하 디코이는 전자전에서 그 활용도 및 효과가 대단히 커 앞으로도 계속적으로 발전할 것으로 전망된다.

5. 역 탐 지

역탐지(Passive Detection)란 소극적 전자전의 한 방법으로 글자 그대로 자기를 찾는 적의 레이더를 역으로 탐지하는 것을 의미한다. 베트남전 특색의 하나로 출현한 지대공 미사일에 대항하여 미국은 레이더 경보수신기(RWR)를 개발하였는데 미국은 이를 바탕으로 지대공 미사일 기지의 레이더에 대항하는 각종 전자장비와 무기를 개발하여 탑재한 항공기를 만들어 이를 와일드 위즐(Wild Weasel)이라고 명명했다.

와일드 위즐은 제자신을 미끼로 적에게 발견되도록 하여 자기를 향하여 오는 전자파를 레이더 경보수신기(RWR)로 수신, 그 지대공 미사일 기지를 찾아 공격하도록 고안된 지대공 미사일 제압용 공격기로서 이와 같이 자기 자신을 적의 레이더 위협을 인지하고 위치를 파악하여 적절한 대응조치를 취하는 것을 역탐지라 한다.

와일드 위즐기로는 F-100G, F-105F/G, F-4G, F-16HTS 등이 있다.

현재 운용 중인 레이더 경보 장비들의 성능을 보면 우선 레이더파를 탐지하여 내장된 자료와 비교분석, 식별하고 위치를 측정하여 위협 여부를 판정하며, 우선순위를 결정함과 동시에 위협레이더의 특성을 숫자나 문자로 표시할 수 있고 재머의 출력통제 방식까지 갖추고 있어 우선순위가 높은 표적부터 자동적으로 방해할 수 있다.

6. 회 피

회피(Evasion)는 적의 레이더 탐지영역을 사전에 분석, 또는 확인하여 레이더가 탐색할 수 없는 포착불능지역(Blind Area)으로 비행하여 적 레이더에 의한 탐지를 회피하는 것으로 초저고도 또는 산이나 뭉게구름 등의 지형적 차폐를 이용해 침투하게 된다. 현대의 항공작전에서 저고도 고속침투는 교리화된 원칙으로서 이는 적 대공무기에 대하여 생존성을 증대시키기 위한 필수적인 전자전의 일부분이다.

7. 레이더 차폐

레이더는 근본적으로 전파의 반사원리를 이용한 탐색장비이므로 반사체가 되는 항공기 자체에서 레이더 반사파를 제거 또는 억제하고 비정상적인 형태로 반사를 유도하면 적 레이더의 탐색활동을 무력화시킬 수 있다. 이러한 방식의 전자전 형태를 레이더 차폐라고 하는데 스텔스 항공기로 F-117 및 F-22, 그리고 B-2 전략폭격기 등이 레이더 치폐를 이용한 대표적인 항공기이다.

◆ **레이더 탐지기피성(Stealth) 방법**

첫째, 기체 표면에 레이더파를 흡수하는 특수물질을 도장하거나 반사파 발사를 억제하는 소재(RAM : Radar Absorbing Material)를 사용하고, 둘째, 그물망 또는 칸막이판 등의 레이더파 비확산장치를 부착하거나, 셋째, 스텔스 목적의 지향성 형상화 즉, 기체 외부형태를 기하학적으로 특수설계하여 레이더파를 빗나가게 반사시켜 결과적으로 적 레이더 수신기 쪽으로 반사를 감소시킨다.

8. 레이더 전자방해 방어책

레이더 전자방해 방어책(Radar EP)은 적의 아측 레이더에 대한 방해에 대항하여 아측 레이더의 기능을 유지하기 위한 활동으로 레이더 변수인 출력, 주파수, 펄스폭, 안테나 이득(Tilt), 안테나 주사방법 등의 조정 및 신호처리기법으로 적의 EA에 대처할 수 있다.

현용 대처방법으로는 상대방이 포착할 수 없게 사용주파수를 급속히 변경하거나 출력을 높이는 방법, 펄스폭을 넓게 또는 펄스반복주파수(PRF)를 많게 하는 방법 등으로 사용 레이더의 주엽(Main Beam)을 강하게 하고 측방 부엽(Side Lobe)을 줄이는 방법 등이 있다.

(1) 대표적 EP장비

□ 대수 수신기(Logarithmic Receiver)

지속파 잡음(CW)과 같은 지속적 방해에 효과적이며 기상 및 지상의 심한 잡음(Clutter)으로부터 표적물을 분리, 검출하는 데도 도움이 된다.

□ 펄스간섭 제거(PIE : Pulse Interference Elimination)

레이더 펄스와 방해전파 펄스의 파형 또는 주파수의 차이에 따라 분별함으로써 방해전파를 제거시키는 방법이다.

□ 비반향(Non-Coho) 수신기

상대가 살포한 채프에 의해 생기는 반사파의 표적에서 되돌아오는 반사파의 진폭성분을 확대하여 그 차이를 구분, 상대측 반사원의 본체를 식별하는 방법이다.

□ **대채프(Anti-Chaff) 수신기**

채프의 반사파와 실제표적의 반사파의 위상성분의 차이를 이용하여 식별한다.

□ **부엽억제(Side Lobe Suppression)**

비지향성 안테나에서 신호를 수신하여 주 안테나 신호와 비교하여 주 안테나 신호가 클 때에는 신호를 어느 정도 억제하여 부엽에 의한 EA의 영향을 제거하는 방법 등이다.

9. 통신전자방해 방어책(COMM EP)

통신에서의 전자전은 통신신호의 전송에 대한 분야와 통신문에 대한 분야로 구분할 수 있는데 통신문에 대한 EA는 적의 통신망에 허위통신문을 집어넣는 행위, 즉 침투를 의미하는데 사실상 침투가 어려워 잘 사용되지 않으나 침투가 성공하면 작전을 근본적으로 방해할 수 있게 된다. 통신신호에 대한 EA는 전투 중에 사용하는 우선순위가 낮은 전술통신의 혼란을 목적으로 구사한다. 이와 같은 형태의 적의 통신 EA에 대한 EP는 통신문 내용에 직접 침투를 저지하기 위한 통신보안과 통신신호의 전송을 보호하기 위한 전송보안으로 구분되는데 그 방법은 다음과 같다.

(1) 통신보안

통신문의 해독을 방지하거나 지연시키는 것으로 운영규칙을 이용하여 적이 아군의 통신문이나 통신선로에 접근하지 못하게 하는 것과 설사 적이 통신문을 입수하였다 할지라도 이를 해독하지 못하게 하는 기법을 첨가시키는 방법 등이 있다.

□ 운영규칙

통신 운영규칙은 보편적으로 사용되고 있는 방법으로 통신소의 위치를 은폐하기 위해 무선침묵, 통신문의 송신은 짧고 필수불가결 시만 하고, 호출부호 사용, 사용주파수 및 운용시간을 불규칙적으로 변화시키는 방법 등을 사용한다.

□ 암호법

유선 또는 무선통신을 막론하고 아군의 신호는 적이 도청할 수 있으므로 적이 통신문을 입수하였다 할지라도 내용을 이해할 수 없도록 암호기술이 사용된다. 암호법은 서식통신이나 전신통신에 일반적으로 적용되는 것으로 종류에는 치환, 전위, 코드북, 1회용 암호북 등이 있으며 이 중에서 치환법은 가장 알려진 방법으로 통신문의 각각의 문자를 다른 문자로 치환하는 것이다.

□ 음성비화

통신문의 내용을 암호화하는 방법 이외에 음성을 암호화하는 방법으로 다음의 방법들이 사용되고 있다.

즉, 음성주파수 스펙트럼을 몇 부분으로 나누어 주파수 축 상에 재배열하거나, 시분할 암호로 음성을 아주 짧은 시간구간으로 나누어 시간축 상의 배열순서를 바꾸어 보낸다.

또한 신호를 표본화한 후 일정한 크기의 진폭으로 양자화하고 양자화된 크기를 숫자와 대응시켜 암호화하며, 음성입력 및 해독(VOCODER : Voice Encoder-Decoder) 기계를 이용하는 방법으로 음성정보와 비슷한 속도로 변하는 기본 음성계수를 추출, 부호화한다.

(2) 전송보안

통신신호의 전송, 즉 전파에 대한 적의 방해를 무력화하기 위한 방법으로 전파발사를 통제하여 적의 방해효과를 최소화하는 운용상의 기법과 EP 기법을 도입, 설계된 특수장비를 사용하는 방법이 있다.

전자는 수동적인 EP로서 엄폐된 곳에서 송신을 하거나 지향성 안테나를 사용해서 적으로 향하는 전파를 최소화하고, 출력을 줄여서 우군 전파가 미치는 공간을 최소로 줄이는 방법 등이 있다. 후자는 대표적인 예로 대역확산기법이 있는데 이 기법을 이용 시 적의 방해전파가 10배 이상 더 강한 상황에서도 전송시작 2초 이내에 주어진 신호를 포착할 수 있으며 일단 포착하면 20배 이상 강한 방해속도에서 정상작동이 가능하다.

통신에 관한 EP 장비의 개발은 비교적 늦게 시작되었으나 중동전을 계기로 통신재밍과 EP에 대한 시급함이 인식되어 이에 대한 대책이 활발히 연구되고 있다. 이는 전술 FM 지휘망과 VHF/UHF대의 전술 다중 통신망의 보호를 위한 전자보호대책의 구비가 매우 중요한 것으로 나타나고 있다.

2.5. 전자전 장비현황

현재 각국에서 운용하고 있는 전자전 장비는 그 근본적인 응용원리는 유사하나 수적인 측면에서 수백 종으로 종류 및 형태가 다양하고 운용 목적이나 작동 방식이 복합적으로 이루어져 있어 체계적으로 분류하기 곤란하나, 설명상의 편의를 위해 장비의 주용도 및 특성을 고려하여 구분해 보면 다음과 같다.

주요 EA 장비로는 전파를 이용한 적극적 전파공격장비인 레이더 및 통신 전파방해장비와 기계적 레이더 전파방해장비인 채프/플레어 투발 장비를 들 수 있으며 ES 장비로는 레이더 경보수신기(RWR), 레이더파 자동방향 탐지기(ADF), 조기경보 수신기(EW Reciver), 전자정보 수집기 장비, 통신정보 수집장비 등으로 구분할 수 있다.

기타 전자전 장비는 레이저 경보 및 교란기, 경보 및 기만 장비 등이 있다.

1. 전자교란기

전자교란기(Jammer)는 능동적인 방해 또는 기만전파를 발사하여 고의적으로 적 전자장비의 기능을 봉쇄 또는 기능을 저하시키는 장비로 재머(Jammer)라고 부르며, 기능상 레이더 재머와 통신 재머로 구분하는데, 기능상 레이더 재머와 통신 재머로 구분된다.

재밍(Jamming)이라 함은 좁은 의미에서 적극적 EA의 한 방법인 '방해'만을 의미하나 전자전 장비로서의 재머는 통상 전자적 방해(Jamming) 장비뿐만 아니라 전자적 기만 장비도 포함하게 되므로 혼동을 피하기 위해 '전자교란기'라고 칭하였다.

운영개념 측면에서 자체보호용(SPJ : Self-Protect Jammer)과 지원용으로 대별할 수 있다. 지원용 재머로서 현재 운용되고 있는 것에는 ALQ-99가 있는데 이는 전술재밍 시스템(Tactical Jamming System)이라 불리며 해군의 전자전 전용기 EA-6B에 탑재되어 공격편대군 작전 시 전자전 측방지원 임무에 운용된다.

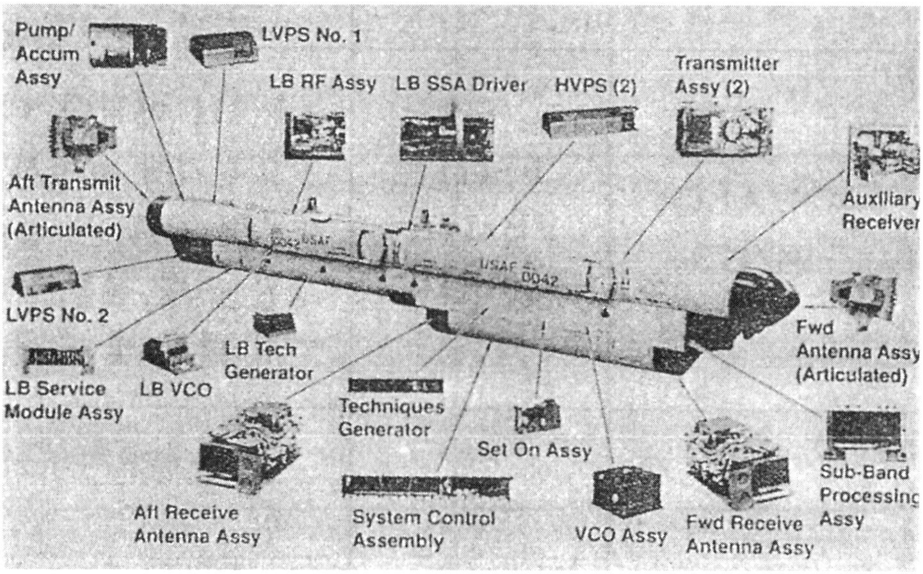

[그림 2-16] AN/ALQ-184 Pod형 재머

육군의 ALQ-151은 육군의 표준장비로 헬리콥터에 탑재되어 2~76MHz 주파수 사이의 통신에 대해 방향탐지, 도청 및 전파방해를 수행하며 ULQ-11은 서펌리더(Cerfirm Leader)로 불리며 광범위한 전자전을 수행하는 시스템으로 통상 9대의 RU-21 항공기로 구성되어 작전을 실시한다. 즉 9대의 항공기 중 4대가 방향탐지를 맡고 3대는 도청과 시스템 통제를, 그리고 나머지 2대는 재밍 임무를 수행한다.

<표 2-1> 주요 전자방해장비

장 비 명	사용기종	특 성	비 고
AN/ALQ-99, 99E(V)	EA-6B	· EA-6B(해) 전자전 수행기에 사용 · 고출력으로 대공 요격관제소, 조기경보 레이더 등을 방해하여 공격편대군 보호 · 전자전 장교(EWO)가 탑승하여 운용	· 지원용으로 포드형 및 내장형이 있음 · 99E(V)형은 성능개량형
AN/ALQ-117	B-52	· B-52 항공기 보호용으로 추가된 장비로 I, J 밴드를 발사하여 레이더 유도무기나 기총공격 등에 대응함	
AN/ALQ-119 (V)		· 베트남전시 QRC-522에서 발전됨. · SA-2/3 등의 SAM에 대응하기 위한 장비로 ALQ-184로 대체되었음.	· 공군용, 포드형 장비
AN/ALQ-122	B-52	· B-52용 EA장비로 여러 개의 가짜 목표물로 적에게 각도 및 거리기만을 유도 · 주목표는 지상의 조기경보 및 탐색, 추적레이더임.	· 공군용, 내장형 장비
AN/ALQ-126B	A-4,6,7 F-4,14,18	· 내장형으로 ALQ-100과 126A 교체용 · 기타 전자장비 등과 연계작동 가능 · 대다수 영역확장으로 I, J 밴드 포함	· DECM(방어-EA) 시스템 · 해군용, 내장형
AN/ALQ-131(v)	F-4,15,16 A-7,10 AV-8, C-130	· 미 공군 표준 전자교란 포드로 완전 모듈화된 최신장비 · 전 자동장비로 전자방해에 필요한 파형을 즉시 공급 가능 · 정상 전자방해 작동 중에도 계속적으로 장비작동 및 기능상태를 자체 점검	· 공군용, 포드형

장 비 명	사용기종	특 성	비 고
AN/ALQ-135	F-15	· ALR-56 경보장치 및 ALE-45와 더불어 F-15 전술기의 전자전 장비 · 고출력 송신기 보유, 고주파수 대역까지 커버	· 공군용, 내장형
AN/ALQ-94/173	F-111 FB-111 BF-111	· F-111 계열에 대한 지대공 유도탄, 대공포 및 요격기에 대응하기 위한 자체보호용 · E/F, G/H 및 I, J 밴드로 구분 작동하며, 밀집된 위협상황에서 위협 레이더를 식별, 우선순위 할당 및 교란 수행	· ALQ-173은 1970년대에 개량 발전
AN/-155(V)	B-52	· B-52 항전장비의 성능개량계획 중의 한 장비임. · ALR-46 레이더 경보장치와의 자동연장으로 반응시간 단축 · 컴퓨터 작동 방식이며 임무 중 재프로그램 가능	
AN/ALQ-161	B-1B	· B-1B 폭격기를 위한 전자전 장비임. · 구소련의 하방탐색 및 하방공격용 레이더에 대한 대응책 보강 · 긴급한 위협 레이더 신호에 대처하기 위한 완전히 통합된 장비로서, 주파수 선정 안테나 방향, 변조 방식 등 적 레이더 시스템에 대한 최적 대처방안 등을 자동으로 선별해 줌.	
AN/ALQ-162	AV-8B RC-12D RV-1D RU-21 EH-1 EH-60 F-16, J-35 F/A-18 CF-18	· 미 해 · 육군 특수 전자전기와 기타 전술기들을 위해 개발된 전자전 장비임. · 적 위협신호등을 자동 탐색식별하여 대응수단을 선택해 줌. · 내장형 · CW 위협에 대응	

장 비 명	사용기종	특 성	비 고
AN/ALQ-164	AV-8	· AN/ALQ-126, AN/ALQ-162를 통합 연동시킨 장비 · 기만재밍 · 적 위협신호를 자동 탐색하여 대응수단을 선택해 줌	· Pod형
AN/ALQ-165	F-14 F/A-18 F-16	· 전투기의 자체보호용으로 해·공군 합작으로 개발 시작하였으나 해군만 사업 잔류 · ALR-76 레이더 경보장치와 ALE-39 채프 살포기와 연동예정(해군), ALR-74 또는 ALR-56M과 ALE-47 채프 살포기와 연동(공군)	· 항공기 내장형 · F-16와 F/A-18 · 보스니아 전투에 활용
AN/ALQ-172 (V1, V2)	B-52 G/H MC-130 AC-130	· ALQ-117 장비교체용 · 전자동 프로그램 가능하며 완전자동 작동 가능 · 단펄스 레이더에도 대응	
AN/ALQ-178Ⅲ (RAPPORT)	F-16 및 미라주 계열	· 최신형 완전통합된 내장형 전자전 장치 · 임무 중 프로그램이 가능하며, 레이더 경보장치와 재머, 플레어/채프 기능을 통합 통제하는 기능 구비 · 전방 및 후방 재머가 분리되어 대응공간 효율을 극대화 · 내장형으로 항공역학적 저항 제거	
AN/ALQ-184(V)	F-4 F-15,F-16 A-7, A-10	· 미 공군 전술기의 표준 자체보호용 전자교란 포드 · ALQ-119(V)를 개량한 장비 · RWR 채프 플레어 장비 · 토우 디코이와 연계된 완전자동 전자전 장비임	
AN/ALQ-187	F-4 F-16 A-7 미라주-2000	· 레이더 경보장치, 채프/플레어 장비와 연계된 완전자동 전자전 장비로 내장형 · 지대공, 대공포, 공대공 요격무장에 대응	

장 비 명	사용기종	특 성	비 고
		· 한 개 또는 여러 개의 위험을 자동 탐지하여 방해수단을 선택 · ALE-39/40 및 ALR-69/74 장비와 연동 가능	
AN/ALQ-167	F/A-18 Lynx Sea King	· 내장형 또는 외장형으로 운용 가능 · RWR, CH/FL 살포기와 연동 · 잡음 및 기만재밍	

<표 2-2> 통신재머

장 비 명	특 성	비 고
AN/ALQ-149	· 적의 통신과 장거리 공중조기경보체제 방해용 · ALQ-99 레이더 재머와 연계시켜 작동	
AN/ALQ-60 (Deep Well)	· 미 해군 EP-3E 전자정찰기의 대형 컴퓨터 통제 교란 및 분석장비	
AN/TLQ-17A(V)	· 1.5~80MHz에서 통신신호 간섭 및 교란하는 장비로, 전 밴드에 걸쳐 적 통화에 대해 자동탐색, 식별, 분별 및 포착기능 보유	· 유효출력 : 10~550W
AN/TLQ-501	· 20~80MHz에서 12.5MHz 간격으로 100W 출력의 전파방해 수행 · 16개까지 기선정된 채널에서 적 통신에 대해 자동탐지 및 기만, 교란 가능	
AN/ULQ-11	· ES 전자방해기만, 통신교란 및 방향탐지기능 등을 수행하는 종합시스템으로 9개의 RU-21 항공기가 소요됨. 'A'(4대) : 위치식별 'B'(3대) : 기만 'C'(2대) : 전자방해 · 기본적으로 9대의 항공기로 적의 통신망의 간섭, 위치식별 및 사용거부를 하는 것이 목적임.	· 현재 생산 중단

2. 채프/플레어 투발장비(Chaff/Flare Dispenser)

적의 대공무기로부터 항공기를 보호하기 위해 개발된 가장 기본적인 전자전 장비로 거의 모든 전술기에 장착 운용되고 있으며 항공기 자체 보호용뿐만 아니라 전자전 항공기에 장착하여 공격편대군 항공기를 보호하기 위한 고성능의 지원용 장비로도 운용되고 있다.

미국의 경우 채프만을 살포하도록 설계된 장비는 미리 절단된 쌍극자를 필름 사이에 말아 두었다가 전술적 목적에 따라 대량 또는 단속적으로 살포하는 공군용 AN/ALE-38과 해군용 AN/ALE-41이 있으며 비행 중 위협상황에 따라 적당히 쌍극자의 길이를 자동으로 조절, 절단하여 살포할 수 있는 공군의 AN/ALE-43이 있다.

거의 모든 장비가 채프/플레어 겸용으로 사용되고 있는데, 공군의 AN/ALE-40과 해군의 AN/ALE-29A, 육군의 M-130 다목적 살포기가 대표적이며 이 중 공군의 AN/ALE-40은 원래 F-15와 C-130 항공기를 위해 설계되어 점차적으로 F-4, F-5, A-10 항공기용으로 확대 개발한 것으로 유효공간 내의 적재량을 늘리고 살포효과와 신뢰도를 증가시킬 뿐만 아니라 표준화된 모듈장비로 취급 및 장착이 매우 용이하다.

현재는 RWR, 전자전 재머와 상호 연동하여 위협에 따라 살포/투발시간, 간격조절이 가능하고 자동 및 수동 작동이 가능한 ALE-47이 널리 사용되고 있다.

채프/플레어 장비는 그 종류가 매우 다양하지만 실제적인 운용에 있어서 미 공군은 ALE-43을, 해군은 ALE-41을 지원용 장비로 사용하고 ALE-47(V) 계열과 ALE-39를 각각 기종에 따른 자체보호용으로 활용하여 작전을 수행하게 된 것이다.

<표 2-3> 채프/플레어 장비

장 비 명	구 분	사용기종	특 성
AN/ALE-29 A/B	대항 살포기	A-4, A-6, A-7 RA5C, F-4 F-14	· 내장형으로 채프/플레어, 재머 장착 · AN/ALE-39의 후속장비
AN/ALE-38/41	포드 부착 벌크 채프 살포기	F-105F, F-4 A-3, EA-6 A-6, EA-4 A-7 AQM-34H	· 선도기나 회랑 형성에 적합한 장비이며, 자체보호용으로도 사용 가능 · 각 포드에 6개의 50lb짜리 roll 장착
AN/ALE-39	대항 분산기	A-4, A-6, A-7 F-14, F-18 CH-46, CH-53 AH-1, UH-1	· 내장형으로 채프, 플레어 트랜스폰더 재머 장착 · RWR과 연동 가능
AN/ALE-40	CM 살포기 시스템	ALE-40(V) 4,5 6 : F-16 ALE-40(V) 7,8 9 : F-5E/F ALE-40(N) : NF-5(네덜란드 공군)	· 내장, 준내장, 외장 및 포드형 개발 · ALE-40(V) 7, 8, 9는 준자동식
AN/ALE-43(V)	채프 CM 살포기 세트		· 지역포화, 자체보호용으로 비행 중 레이더 주파수 A-L 밴드에 맞게 절단하여 투하
AN/ALE-44	살포기 포드		· 경량으로 무인기나 전술기용으로 사용
AN/ALE-45	CM 살포기 시스템		· RWR이나 조종사의 위협 감지로부터 자동으로 반응하여 최적 투하 프로그램 제공
AN/ALE-47	대항 살포기		· 현용 EA 살포기와 전기적 또는 기계적으로 교환사용 가능 · RWR과 연동되어 위협신호에 대하여 자동 채프/플레어 투하

[그림 2-17] C-130 항공기에서 플레어를 투발하는 장면

[그림 2-18] 채프/플레어 살포기

3. 위협경보장비(Threat Warning System)

전자전 수행을 위해서 사실상 EA 장비에 우선하여 필요로 하는 것이 바로 전자지원(ES)장비인데 기본적인 ES 장비로 레이더 경보 수신기(RWR : Radar Warning Receiver), 레이더 추적 및 경보장치(RHWR : Radar Homing And Warning Receiver), 후방경보 레이더(TWR : Tail Warning Radar), 적외선/레이저 경보수신기 등이 있다.

(1) 레이더 경보수신기

항공기의 자체보호를 위해 거의 모든 전술기에 장착 운용되고 있을 뿐만 아니라 기타의 비전술기에도 확대, 운용되는 가장 기본적인 ES용 전자전 장비이다.

미국이 주로 사용하는 레이더 경보수신기는 AN/ALR- 45, 46, 64/69,

56, PAR-44 등이 있고, F-14와 F-18 항공기에 주로 탑재된 ALR-67은 미 해군 최신 표준 레이더 경보장치이다.

(2) 레이더 추적 및 경고장치

단순히 경보기능을 넘어서 대공제압 임무 항공기용으로 대방사체 미사일 발사를 가능하게끔 수신된 레이더파의 근원지, 즉 위치를 찾는 기능을 첨가시킨 것으로 F-4G 대공제압기에 탑재된 APR-38/47 장비가 대표적인 장비이다.

현재 운용되고 있는 위협경보장비들은 대부분 최신기술에 의해 설계되어 광대역 수신, 디지털 처리, 위협도에 따른 우선순위 경보와 프로그램이 가능하다.

<표 2-4> 위협경보장비

장 비 명	용 도	사용항공기	특 성	비 고
AN/ALQ-128	경보 수신기	F-15	· F-15 전투기에 장착된 다기능 위협 수신기 · ALQ-135 EA 장비와 ALR-레이더 경보수신기 및 ALE-45 채프 투하장비와 연계 작동 · ALR-56의 H/I/J 밴드 커버 영역이 넓음.	
AN/ALQ-153	후방경보 시스템	B-52	· B-52에 장착하는 펄스 도플러 레이더 · 접근하는 미사일과 항공기에 대한 정보와 목표정보를 제공하며, 채프/플레어 등 대응수단을 작동시킴.	· F-15에 이용 가능 · ALQ-131과 연동 가능
AN/ALR-46(V)	레이더 경보 수신기	F-4	· 16개 방사체를 동시에 우선순위에 의해 식별, 분석 · 미 공군 표준장비	

장 비 명	용 도	사용항공기	특 성	비 고
AN/ALR-50	미사일 발사	F-4, A-4 A-6, A-7 F-14	· SA-2, 3, 6 등의 지대공 미사일의 발사 및 유도 신호를 탐지, 분석하여 시각 및 청각신호를 조종사에게 전파 · ALR-45(RWR), ALR- 56 등과 연동 가능하며 대응수단(채프, 전자방해 등)의 자동작동 가능	
AN/ALR-56A/C	레이더 경보 수신기	F-15	· F-15의 전술전자전 체제에서 ALQ-135 내장형 전자방해장비와 함께 연동되어 작동	
AN/ALR-56M	레이더 경보 수신기	F-16	· 최신 위협요소 수신 및 식별 능력을 부가시킨 장비	
AN/ALR-62(V)	레이더 경보 수신기	E/FB-111 EF-111A	· E/FB-111과 EF-111A의 미공군 표준 장비임. · 레이더 위협을 감지하고 분석하여 ALQ-99EA 장비의 고출력 전자방해를 작동시킴.	
AN/ALR-38/47	레이더 자동유도 장치와 경보 수신기	F-4G	· F-4G 와일드 위즐기에 장착되어 광대역 주파수 범위에서 방사레이더의 방향을 정확하게 찾아냄. · 수신기는 장거리 탐색, 위치식별 및 우선순위를 컴퓨터 도움으로 식별하고, 자동 무장투하 컴퓨터에 적절한 자료가 제공됨. · 완전 자동화된 장비로 EW 장교(F-4G 탑승자)는 감시자로 감시만 함	

4. 신호정보(SIGNT)장비

신호정보장비는 크게 전자정보 수집(ELINT) 장비와 통신정보 수집(COMINT) 장비로 분류되는바 재머에 있어서와 마찬가지로 전자정보 수집장비는 미 공군과 해군에 의해 개발되었으며 통신정보 수집장비는 주로 육군에 의해 개발되었다. 전자정보 수집장비 중 주요 장비로는 ALQ-125와 시어스(Sears) ELINT 시스템, 그리고 E-2C 항공기의 ES 장비인 ALR-59(V), ALQ-78과 육군의 Quick Look Ⅰ, Ⅱ 등이 있다.

(1) ALQ-125

전술전자정보 수집장비(TEREC : Tactical Electronic Recdnnaissance)로서 적성 전자병기 감시에 사용되며 자동적으로 위협식별사항, 탐지방향 및 대공무기위치 등을 제시해 주며 이러한 기능은 프로그램의 목록에 자동적으로 위협식별사항, 탐지방향 및 대공무기위치 등을 제시할 수 있고 지상장비와 연동하여 수행될 수 있다.

(2) Sears ELINT 시스템

난해한 광대역 주파수를 분할 처리하며 주파수 분해력도 1kHz로 매우 정확하다.

(3) ALQ-150

육군이 개발한 통신정보 수집장비로서 세파이어 타이거 수신세트라 하며 3대의 RU-21 항공기에 탑재되는 대형장비로서 통신용 주파수가 상승함에 따라 2GHz까지 감당할 수 있도록 설계되었으며 통제소와 데이터링크 통신이 가능하다.

<표 2-5> 신호정보장비

장 비 명	용 도	사용항공기	특 성	비 고
AN/ALQ-125	전술전자 정찰	RF-4, F-15 F-16, C-130 MRCA, P-3C RPV	· 전술상황하에서 적에 대한 전자전 투서열(EOB : Electronic Order Of Battle)을 설정, 유지함 · 위협을 즉각 인지 및 탐색하여 지휘관에게 정보 제공 · 두 가지 선택방법 (1) 조종석 시현 : 공중조기경보 작동자가 데이터를 다른 사용자에게 전파 (2) 데이터링크 전송 : 지상 기지에 정보 전송 · 항공 테이프 기록과 완벽한 지상처리장비로 전파방사체의 특성과 위치에 대한 상세한 분석 가능 · 거의 실시간에 가깝게 SAM 기지의 위치식별 가능	· 내장형 또는 포드형 · 유인 및 무인기에 탑재하여 원거리 정찰 가능
AN/ALQ-150 세파이어 타이거	ES 장비	RU-21	· 여러 채널의 통신체제에 대응하기 위한 ES장비로 3~19kw의 출력 방출	· RU-21 항공기로 1회 약 5시간 체공
AN/ALQ-151	퀵 픽스 항공기 EW 시스템	EH-1H EH-60A	· 2~76MHz 범위에서 적의 지휘통제, 통신체제에 대해 식별, 위치판정, 감청 및 교란작전 수행	· 7,5000lbs
AN/ALR-76	ES 시스템	S-3B	· ALR-47의 주파수 대역을 확장시킨 다목적 장비	· 소형 경량 (134lbs)
AN/ALR-77	ES 시스템	P-3C, P-3G	· ALQ-78 및 ALR-66(V)3 구형 장비의 대체용으로 최근에 개발된 해양초계용의 전자전 지원 장비 · 360도 전방향의 레이더 방사체의 탐지, 분류, 추적능력 보유	

장 비 명	용 도	사용항공기	특 성	비 고
AN/SLQ-17V)2	항공 수송기를 위한 EW 시스템		· 적 · 아 미사일과 기지 등의 자동탐지, 방향탐지 및 식별 등을 수행하는 장비로, 위협탐지 시 특정 목표에 대한 기만방법 제공 · 자동 통제기능 상실 시는 수동으로 작동 가능하며 작동자의 스크린에는 적 · 아의 공중, 지상 및 접수된 목표물들이 시현됨. · 새로운 정보접수 시는 항상 자동으로 새 자료에 입각한 자료 산출	
AN/USD-9V(2) Guardrail	항공기 코민트 시스템		· 목표물을 간섭, 식별 및 분류하고 지상에 실시간 정보를 위해 자료를 송신하는 공중정보 수집장비 · 비화된 라디오 링크를 이용, 각 지상 시설물과 항공기(C-12)를 연결하여 음성과 자료 교환 · 통상적으로 방향탐지를 위해 2대가 함께 비행	

5. 기타 전자전 장비

(1) 적외선 방해(IRCM) 장비

적외선 방해(IRCM : Infra-Red Countermeasure) 장비는 적외선 추적에 대한 방책으로 플레어(Flare) 외에 램프를 사용하거나 연료를 태워 방사되는 적외선의 양을 변조시켜 적외선 추적을 기만하는 방법이 있다. 이러한 장비는 물론 항공기에 장착되는 것으로 공대공 유도탄에 대응하는 ALE-123과 주로 지대공 미사일에 대응하는 ALQ-144, 146, 147 등이 있다.

[그림 2-19] 엔진 배기구 아래에 IRCM이 장착된 모습

(2) 지향성 적외선 방해(DIRCM) 장비

적외선 탐지/추적기(IRST : Infra-Red Search and Tracker)로서 접근하는 유도탄을 정밀추적하면서 탐지기(Seeker)에 강한 적외선 신호나 레이저 빔을 조사하여 탐지기를 손상시키는 지향성 적외선 방해장비이다.

지향성 적외선 방해장비에는 미 공군과 영국이 공동개발하여 C-130 항공기에 장착운용 중인 AAQ-24 직접 대적외선 방해장비(DIRCM : Directed Infra-Red Countermeasure)와 미 육군이 개발한 ALQ-212 위협적인 적외선 대방해장비(ATIRCM : Advanced Threat Infra-Red Countermeasure)가 있다.

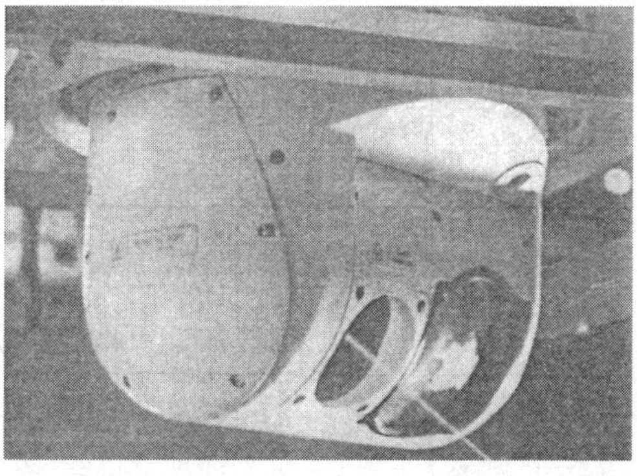

[그림 2-20] DIRCM 터렛

6. 광학방해(OCM) 장비

광학방해(AOCM : Advanced Optical Countermeasure)는 현재의 거의 모든 대공포들이 정확한 사격을 위해 광학장비를 갖추고 있는 것에 대응하기 위한 것으로 이 광학방해장비는 적으로 하여금 광학장비 사용을 거부 또는 역으로 위협하여 적의 광학추적 지대공 무기로부터 항공기를 보호하게 된다.

포드형의 ALQ-123은 A-6, F-4, F-14, 15, 16, 18 등의 항공기에 장착되어 사용된다. 최근에는 적외선 유도미사일이 항공기를 향해 발사될 경우, 유도탄 배기열을 탐지하는 데 있어 IR 또는 UV를 활용하여 유도탄 접근을 경보해 주어 적시에 이에 대응할 수 있도록 하는 미사일 경보 시스템(MWS : Missle Warning System)이 개발 활용되고 있다. 보통 4~6개의 탐지기를 항공기에 장착하여 전방향 탐지가 가능하며, AAR-47, 54, 57, 60 등이 있다.

핫 브릭 IRCM 시스템은 1970년대 헬리콥터와 고정익 항공기에 사용하기 위해 개발되었으며 주로 SA-7과 SA-8 지대공 유도탄에 대응하기 위한 장비로 출력을 변조하여 적외선 추적장치의 추적경로 수정 메커니즘에 필요한 정보를 그릇되게 제공함으로써 유도탄이 빗나가도록 하는 것이다.

<표 2-6> 광학방해(OCM) 장비

명 칭	구 분	사용기종	특 성	비 고
AN/AAQ-4	대적외선 방어 시스템	EB-66 H-53	· 내장형으로 IR 방해신호 발송 · 헬기용으로도 개발되었으며 다수의 위협에 대처할 수 있도록 개량	
AN/AAQ-8	대적외선 방어 포드	E-4, A-7 C-130	· 초음속 비행 시에 작동 가능하며, 새로운 위협에 대처하기 위한 장비 · 공기역학적으로 유연하게 설계된 포드형	

명 칭	구 분	사용기종	특 성	비 고
AN/AAR-34	적외선 수신세트		· 후미에 장착, 적외선 추적 미사일에 대한 수동탐지 · 구름, 태양, 지상 등에는 영향 없음.	· −57~+132°C 작동
AN/AAR-47	적외선 경보시스템		· 지대공 SA-7/9나 레드아이와 비슷한 무기에 대한 경고	· 20.4kg
AN/AAR-54	미사일 경보시스템		· EO(UV)를 이용하여 접근 미사일 탐지 및 경보	· 4개 센서
AN/AAR-57	미사일 경보시스템		· EO(UV)를 이용하여 접근 미사일 탐지 및 경보	· 4개 센서 · 8kg
AN/AAR-60	미사일 경보시스템		· 독일과 공동개발 EO(UV)를 이용하여 접근 미사일 탐지 및 식별	· 4개 센서 · 7kg

7. 기타 국가의 전자전 장비 현황

(1) 영 국

유럽국가 중 전자전 장비 개발 및 생산이 가장 활발한 국가로 고성능 전자전 장비 개발에 중점을 두고 있다.

C-J 밴드에서 작동하는 스카이 가디언 2000 레이더 경보수신기(RWR), 레이저 경보수신기(LWR) 1200시리즈, H-J 밴드 대역에서 작동되고 램에어터빈이 장착된 포드형과 내장용으로 개조된 아폴로 레이더 재밍장비 등이 생산되어 코브라 헬기용 통합방어 시스템의 구성장비로 사용되도록 제안되었으며 또한 스카이 가디언 2000은 헬기 및 고정익기용 RWR 및 ES 장비로서 C-J 밴드에서 되는 펄스, CW, ICU 레이더에 효과적으로 작동된다.

ZeU EW 시스템은 최신 전투기용으로 설계된 다목적 EW 통합방어장비로서 MDS사가 개발하였다. 노스럽사의 송신기를 사용한 내부탑재용 장비이며 MDS사의 최신형의 RWR을 수신부로 채택한 통합시스템으로 종단위협(Terminal Threat)에 대응하기 위해 프로그램 가능한 재머로 구성되었다.

(2) 프랑스

프랑스는 각종 전자장비를 개발 및 생산하여 주로 제3국에 공급하고 있다.

유로콥터(Eurocopter) 사의 타이거 헬기는 톰슨-CSF사와 스탠드 일렉트릭 로렌사가 합동으로 개발한 통합 레이더/레이저 경보수신기인 Franco-German Threat Warning Equipment(TWE)로 구성된 전자장비를 장착했다. 이 장비는 표적지시, 추적, 사격통제, CW 조명, 레이저 거리측정기와 D-K 밴드 주파수 범위에서 동작하는 유도탄 탐색 레이더, 0.4~1.1㎛의 파장에서 동작하는 유도탄 유도장비와 조명기 등에 효과적으로 작동된다.

주요 장비로는 톰슨-CSF사의 DB 3163 리노라 재머와 타입 BF RWR, 그리고 R 알칸 앤드 시사의 알칸 타입 5000 채프/플레어 발사기 등이 알려져 있다.

타입 BF RWR 장비(톰슨-CSF사)는 펄스, CW, ICW, TWS 레이더 신호탐지 및 경보음을 발생하며 미라주 계열의 전투기에 탑재되어 운용중에 있으며 헬기용 버전으로는 TMV-008H, TMV-012 스컹스 등의 장비가 있다.

일렉트로니크사의 ABD-2000은 사격통제 레이더, 표적지시기 및 전자기(electromagnetic) 호밍 장비 등을 포함한 지대공, 공대공 위협에 대해서 함재기를 보호하는 광대역 방어 탐지 및 재머 역할을 수행한다.

2.6. 전자전 무기체계 발전추세 및 전망

1. 항공기 자체보호용 전자전 장비

(1) 최신 레이더 및 유도무기 대응체계

최근의 능동형 레이더 및 유도탄의 위협 증가에 따라 이 위협들이 대부분 채택하고 있는 모노펄스 레이더에 대응하기 위한 새로운 대안이 필요하다. 왜냐하면 모노펄스 레이더는 기존의 재밍기법으로는 각도기만 효과가 거의 없기 때문이다.

현재 미국 등 선진국에서는 항공기에 2개의 EA 장비를 장착하여 재밍하는 방안과 전자방해 견인 디코이를 장착하는 방안을 개발, 시험 중에 있다. 먼저 2개 EA 장비를 장착하는 방안은 모노펄스 레이더에 가장 효과적이라고 알려진 위성교차(Cross-Eye) 및 극성교차(Cross-Polarization) 기법 적용이 가능하나 기존의 항공기에 적용은 곤란하다. 왜냐하면 배선 및 형상교체와 더불어 장비의 연동에 많은 노력과 경비가 소요되기 때문이다. 최근에 개발 중인 F-22, SU-35, 유로파이터 등 차세대 전투기에 적용하고 있다.

[그림 2-21] 적의 RF 유도미사일 토우 디코이로 유도되는 장면

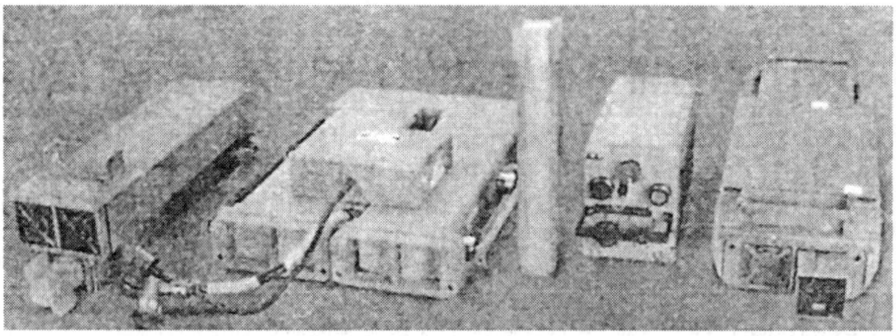

[그림 2-22] 미사일 발사대에 장착되는 토우 디코이

전자방해 견인 디코이 방식은 기존의 전자방해 방식이 항공기에 부착된 안테나를 통해 재밍신호를 송신하는 데 비해 항공기 탑재장비로 재밍신호를 만들어 물리적으로 항공기 후방으로 떨어진 케이블에 디코이를 부착하여 재밍신호를 증폭, 송신함으로써 각도기만을 확실히 보완한 항공기 자체보호용 전자방해장비이며 기존 항공기 적용이 가능한 장점이 있다.

이 견인 디코이 운영개념은 항공기가 임무 중 위협신호를 탐지할 경우 디코이를 투하, 견인하고 재밍신호를 발사시켜 디코이를 보내면 디코이가 재밍신호를 증폭하여 송신함으로써 사격통제 레이더의 추적(Lockon)을 해제하거나, 유도탄 자체를 기만 유인시키며, 재밍신호를 계속 추적하는 최악의 경우에는 디코이 쪽으로 유도탄을 유인하도록 하는 것이다.

(2) 최신 적외선 유도무기 대응체계

□ 유도탄 접근 경보기

유도탄 접근 경보기(MAWS : Missile Approach Warning System)는 적외선 유도탄에 대응하기 위한 것으로 전파를 지속적으로 방사하여 접근해 오는 유도탄으로부터 반사되는 신호를 탐지하여 경보해 주는 능동형(Active)과 유도탄이 발사될 경우 발생하는 추진체 배기열을 탐지하여 경보해 주는 수동형(Passive)이 있는데, 능동형은 전파를 방사하므로 장거리 탐지 및 허위 경보율을 줄일 수 있는 장점이 있으나 적에게 위치를 노출시킬 수 있어 최근에는 대부분 수동형을 개발하고 있다. 이 장비는 유도탄 발사 시 방출되는 적외선(IR)이나 자외선(UV)을 탐지하여 조종사에게 접근을 경보해 줌으로써 플레어(Flare)나 적외선 방해장비(IRCM)를 적시에 작동하도록 신호를 제공한다.

지대공 적외선 유도탄의 발사과정과 유도탄 접근 경보기의 작동을 살펴보면, 적외선 유도탄은 목표획득 후 약 6초 후에 발사할 수 있으며, 발사 약 5초 후면 5km 떨어진 항공기를 명중시킬 수 있다. 유도탄 접근 경보기는 유도탄 발사 후 약 2.5초 이내에 탐지, 추적할 수 있으며, 명중 전 약 2.5초 정도에서 플레어를 살포하거나, 적외선 방해장비를 작동하여 대응조치를 취할 수 있다.

□ **적외선 방해장비(IRCM)**

유도탄의 탐지기를 교란하여 기만 유도시키기 위해 변조된 적외선 신호를 방사, 추적오차신호를 유발하여 유도탄의 추적(Lock-On)을 풀리게 하는 장비이다.

이 장비는 적외선 신호 발생기와 주변의 변조기(Modulator)로 구성되어 있는데, 적외선 신호 발생기가 적외선 유도탄의 탐지기에 유입될 수 있는 파장의 강한 적외선 신호를 펄스화하여 각 방향으로 방사한다. 이때 신호의 세기, 방사빈도 등을 프로그램화하여 조절함으로써 다양한 적외선 유도탄들에 대응할 수 있도록 한다.

□ **지향성 적외선 방해장비(DIRCM)**

항공기의 적외선 영상을 추적할 수 있는 최신 적외선 유도 무기에 대응하기 위해 개발 중인 장비이다. 유도탄의 탐지기에 강한 자외선 신호나 레이저 빔을 조사하여 탐지기를 손상시키는 장비로서 유도탄이 발사될 경우 접근 경보기로 발사를 인지하며 적외선 탐지/추적기(IRST : Infra-Red Search And Track)로서 유도탄을 정밀 추적하면서 유도탄 유도부에 레이저를 조사하는 것이다.

□ EO/IR 센서 및 레이저 위협 대응체계

전자광학(EO)/적외선(IR) 센서 및 레이저 위협에 대응하기 위해서는 이를 탐지하기 위한 기능과 기만 또는 손산/파괴하기 위한 대응체계가 필요하다.

그리하여 전자광학(EO) 및 적외선 센서를 탐지하기 위해 레이저 레이더(Laser Radar)가 사용되고 있고, 기만을 위해서는 디코이나 기만신호를 사용하며, 파괴를 위해서는 고출력 레이저(High Laser) 등을 사용하고 있다.

또한 대공 레이더 빔을 탐지하기 위해서는 헬기나 수송기에 레이저 경보수신기의 장착이 요구되고 있다. 한편 항공기가 정밀공격을 위해 표적에 레이저를 조사할 경우에 대응하기 위해서는 레이저 경보수신기와 레이저 재머 또는 고출력 레이저 조사기가 필요하다.

□ 발전방향

레이더 유도미사일에 대처하기 위한 레이더 경보수신기(RWR)와 전자방해장비(RF Jammer) 및 채프/플레어 살포기 등이 있으며, 지난 걸프전에서도 이러한 전자파 유도미사일에는 효과적으로 대처하였다.

그러나 열추적(IR) 유도미사일에 대한 대응능력은 취약하다는 결론에 도달하였다. 신형 IR 유도탄은 어떠한 방향에서도 발사될 수 있고 유도탄 탐지기(Seeker)는 영상(Imaging) IR을 추적할 수 있도록 성능이 향상되고 있는 추세이므로 플레어는 이 유도탄을 기만할 수 없을 것이다. 이런 추세에 부합하도록 자체보호 전자전 장비는 IR 유도탄에 대처하기 위한 능동형 레이더 추적 유도탄의 실용화와 견인 디코이가 개발 중에 있으며, 이러한 전자전 장비는 통합형 장비로 발전해 나갈 것이다.

시스템의 반응시간 단축으로 고속 유도탄에 대처하기 위한 연구도 진행 중이다.

2. 전자전기

(1) 전자교란기

적 방공망을 돌파하는 공격편대군 항공기가 적 방공레이더에 탐지되는 것을 방해하기 위해서 적 방공레이더를 재밍하는 전자전기는 재밍 위치에 따라 원격, 근접 및 엄호 재밍 임무로 구분되며, 항공기 자체 보호용 전자방해장비와 전자전기의 기능은 다음과 같이 구분된다.

스텔스 항공기와 장거리 정밀 유도폭탄(토마호크 등)에 의해 전자전기의 운영효과는 향후 감소하게 될 것이다.

<표 2-7> 자체보호용 전자방해장비와 전자교란기의 기능 비교

구 분	원격/근접 전자교란기	자체보호용 전자전 장비
탑재항공기	· 전자전 전용기	· 접적/적지 임무 항공기
용 도	· 공격편대군과 주요 지원기 보호	· 자체 항공기 보호
재밍대상 위 협	· 조기경보, 요격관제, 표적획득 레이더	· 사격통제 레이더 (샘, AAA, AI)
재밍운용	· 레이더 부엽 빔(Side Lobe) 재밍 - 고출력(2~20kW) 필요 · 아군기 침투 시 위협사거리 밖에서 일정지역 재밍	· 레이더 주방사 빔 재밍 - 저중 출력 필요 · 위협사거리 내에서 아군기 추적 시 레이더 재밍

비스텔스 항공기를 장기간 운영할 수밖에 없고 장거리 공대지 정밀 유도탄의 확보에 제약을 받고 있는 조건이라면 전자전기는 필요하며 원격(Stand-Off) 재밍만을 수행할 수 있는 항공기보다는 필요시 적 지역까지 침투하여 공격편대군 항공기를 지원하고 신속히 후퇴할 수 있는 근접(Close-In) 재밍을 수행 가능한 속도를 갖는 항공기가 효과적일 것이다.

(2) 대공제압기(SEAD : Suppression of Enemy Air Defense)

항공기나 무인기 등으로 재래식 무기를 투발하여 적 레이더를 파괴하거나 손상을 주는 '하드 킬(Hard Kill)'이 대표적인 대공제압이라 할 수 있는데 이는 적 대공 유도탄과 방공레이더의 사용을 거부하는 데 초점을 맞추고 있다.

대공제압 능력 구비는 공격 항공기와 조종사의 손실을 최소화하며 적 방공망을 돌파하기 위해 필요한 전력이다.

걸프전에서도 적용되었지만 대공제압 임무수행의 새로운 양상은 1996년 9월 3일 이라크 재공격에서 볼 수 있듯이 공격기 진입 이전에 중장거리 정밀유도무기(PGM)를 사용하여 방공망을 '하드 킬'시키는 것이다. 즉 방공망 공격 시 BGM-109 토마호크, GBU-15 유도폭탄, AGM-84E 슬램 등을 사용하였다.

또한 이동형 샘, AAA 등은 한 시간 후에 어디로 움직여 버릴지 모르기 때문에 준실시간 정보의 지원이 요구되고 일정지역 내에서 전자파 발신원을 탐지해서 공격할 수 있는 무인기(UAB)가 보완, 활용되고 있다.

걸프전에서는 방공레이더의 작동을 유도하기 위해서 사전에 드론(Drone)을 발사하여 적방공망을 기만하면서 레이더의 위치를 탐지하고 대공제압 유도탄(ARM)으로 공격하였다. 미 공군의 F-22 전투기는 스텔스성이 뛰어나고 각종 탐지센서들(레이더파, 적외선, 통신, 레이저 등)의 수신감도 및 신호처리 능력이 탁월하며 안테나가 동체 상하면에 밀착 장착되어 있기 때문에 적 방공레이더 위치 및 신호특성(ELINT)을 수집할 수 있는 능력을 구비하고 있다. 향후 F-22에는 GBU-32(JDAM : Joint Direct Attack Munition-1, 1000lbs급) 등을 장착하게 되면 표적에 대한 정밀공격이 가능할 것으로 보인다.

대공제압 임무를 수행하는 무기체계에 필요한 조건은 전자정찰 및 탐지능력(ES), 재밍능력(EA), 암 또는 원격(Stand-Off) 무기 발사능력을 구비는 물론 대공제압 무인기(UAV)도 고려해야 할 것이다.

[그림 2-23] EC-130 통신교란기

(3) 통신교란기

통신교란기는 적의 공중 및 지상의 전술통신망, 항법체계 및 적아식별 기능을 저하시킴으로써 적의 공중작전을 방해하기 위한 것이다.

적 방공레이더와 항공기 간 음성 및 데이터링크를 재밍하여 요격관제를 방해하고, 적 공대공 통신망을 방해하거나 허위음성으로 적기 상호간의 협조를 어렵게 하고 교란시키며, 적의 조기경보, 표적획득 및 데이터 전송체계와 샘, AAA의 사격통제체제 간의 통신망을 재밍하여 통신교란시키면서 적의 항법체계와 적아식별체계를 방해하여 방공레이더(GCI)와 대공무기체계의 표적획득 및 사격자료 제공에 혼란을 유발할 수 있어야 한다. 따라서 전술통신망으로 사용하는 VHF, UHF 통신주파수와 적아식별신호 및 데이터 전송신호의 주파수대를 재밍할 수 있고 적의 통신을 수신 분석 및 방향을 탐지하며 허위음성을 송신할 수 있는 능력 구비가 요구된다.

3. 정보전 및 지향성 에너지 무기체계

(1) 정보전 무기체계

정보전(Information Warfare)을 수행하기 위한 무기체계는 아직 무기체계로서 정립되어 있지 않으나, 주로 컴퓨터나 전산망 또는 통신망 등의 지휘통제체계와 정보수집 및 의사결정체계를 공격하거나 보호하기 위해 개발되고 있으며, 소프트웨어 및 전자기 신호에 의한 소프트 킬(Soft Kill) 방식을 채택하고 있다.

소프트 킬(Soft Kill) 방식을 열거해 보면 다음과 같다.

□ 컴퓨터 바이러스(Computer Viruses)

컴퓨터 내의 큰 프로그램에 복사되어 들어가 프로그램을 변경시키는 파편 코드를 말한다.

□ 벌레 프로그램(Worms)

독립된 프로그램으로 다른 프로그램을 파괴하지는 않으나 한 컴퓨터로부터 다른 컴퓨터나 전산망으로 그 자체를 복사, 재생하면서 전산망에 퍼져나가면서 통신손실이나 자료삭제를 유발하고 전산망의 작동을 중단시킬 수 있다.

□ 트로이 목마(Trojan Horses)

타 프로그램에 침입하여 거짓기능을 수행하는 파편코드를 말한다.

□ 논리폭탄(Logic Bombs)

바이러스나 웜(Worm) 또는 다른 체계를 공격하는 것들을 해제하는데 사용하는 것으로 체계 개발자나 프로그래머에 의해 설치된 독립된 프로그램이다.

□ 트랩 도어(Trap/Back Doors)

시스템 설계자에 의해 내장시킨 한 메커니즘으로 개발자가 정상 시스템 보호체계를 속이면서 그 시스템으로 몰래 들어갈 수 있는 방법을 제공하는 기능을 한다.

□ 칩핑(Chipping)

예측하지 못한 기능들을 내포하고 있는 하드웨어나 소프트웨어로서,

시스템 제작자들이 직접회로 내에 수백만 개의 칩들을 내장시킬 때 예기치 않은 기능들이 들어가서 특정 시간이 지난 후 고장을 일으키거나 특정 주파수의 신호를 받은 후 또는 신호를 내보내 그들의 위치를 식별하도록 할 수 있게 해준다(정보전 수행자들이 유용한 위치에 특정 칩을 설치해 놓을 수 있는 문제점 내포).

□ 극소형 로봇(Nano Machines : 개미보다 작은 로봇)

컴퓨터 체계의 하드웨어나 소프트웨어를 공격하는 극소형 로봇들을 말한다.

□ 전자세균(Microbes)

전자나 입자보다 더 낮은 준위(Level)에 존재하는 양자세균의 회로망 패턴과 같은 알고리즘을 일정지역에 뿌려서 컴퓨터의 모든 직접회로나 사이트, 건물 및 도시 등을 파괴하는 임무를 수행한다.

□ 전자재밍(Electronic Jamming)

거짓정보를 제공함은 물론 고출력 전자기 기총(HERF Gun)으로 하여금 전자표적에 고출력 전자신호를 방사하여 그 기능을 상실케 하는데 표적은 빌딩 내에 있는 주 컴퓨터나 전산망 또는 전자장비를 가진 항공기나 자동차들이 될 수 있다.

□ 전자기 펄스 폭탄(EMP : Electromagnetic Pulse Bomb)

넓은 지역의 모든 컴퓨터나 통신체계 내의 전자장치를 파괴한다.

이제 전산망을 보호할 뿐만 아니라 공격할 수 있는 소프트웨어 무기의 개발에도 노력해야 할 것이며, 특히 전자기 펄스 폭탄과 같은 공격형 전자무기는 비살상 무기로서 개념연구와 더불어 개발방향의 구체적 수립이 요구된다.

(2) 지향성 에너지 무기

지향성 에너지 무기(DEW : Directed Energy Weapon)는 전자기파(Electromagnetic Energy) 또는 입자 빔(Particle Beam)을 한곳에 집중시켜 고출력을 생성, 조사하여 표적을 파괴 또는 무력화시킬 수 있는 새로운 부류의 무기체계이다.

대표적인 지향성 에너지 무기로는, 파장 1mm 이하의 적외선 내지 가시광선 영역의 전자기파 빔을 사용하는 고출력 레이저 무기(HEL : High Energy Laser)가 있고, 고출력 마이크로파 무기(HPM : High Power Microwave)는 파장 1mm에서 수십cm(주파수 1~300GHz)의 마이크로파 영역의 전자기파 빔을 사용한다.

그리고 입자 빔 무기는 중성자 입자 빔을 사용하는 무기로 구분되는데, 그 특징은 광속(Mach 100만)으로 표적을 신속하게 공격 가능하기 때문에 각종 센서(레이더 수신기, EO, FLIR 등)에 대한 기능저하 또는 파괴가 가능하고 마하 20 정도 비행하는 탄도탄의 경우는 정지된 표적과 동일하게 공격이 가능하다.

다연장 포탄이나 유도탄같이 연속적으로 발사되는 위협에도 대응이 용이하고 1회 출격으로 많은 횟수의 교전이 가능하며, 표적손상 수준을 조절할 수 있는 융통성과 원하는 표적에 정확한 공격이 가능하므로 민간인과 같은 부수적 손상을 최소화할 수 있어 미래전에 대비한 비살상(Nonlethal) 및 정보전(IW) 무기로 활용이 가능하다.

지향성 에너지 무기는 대륙간 탄도탄, 전역 탄도탄 및 순항 유도탄의 방어와 미래에 대비하여 미국에서 가장 활발하게 개발을 추진하고 있으며 향후 30년간 항공우주 무기체계의 발전을 전망한 새로운 세계의 조망(New world Vistas)에서 에너지 무기가 널리 개발될 것으로 전망하며 항공기 및 인공위성 탑재레이저 무기가 출현, 약 30년 후에는 무인전투기에 의해 레이저로 싸우는 시대가 도래할 것으로 예측하고 있다.

제 3 절 전자전 항공기

3.1. 개 요

1991년 초 발생한 걸프전쟁을 '사막의 폭풍작전(Operation Desert Storm)' 또는 '전자폭풍작전(Operation Electronic Storm)'이라고 표현하고 있는데, 이는 전자전(EW : Electornic Warfare) 작전이 전쟁의 주도적 역할을 수행하는 오늘날의 추세를 한마디로 대변해 주는 말이다.

세계 최초의 레이더는 탐지거리가 불과 32마일에 지나지 않았으나 1939년에는 100마일 이상 탐지가 가능한 레이더가 등장하게 되었다. 영국은 전자공격(EA)에 대한 연구를 계속하여 1941~1942년 사이에 세계 최초의 항공기 탑재용 전파방해장비라고 할 수 있는 50Watt 출력의 통신전파 방해기를 웰링턴(Wellington) 폭격기에 탑재하여 아프리카 전선의 독일 전차부대에 대한 지휘통신망을 완전히 교란시키는 데 성공하였으며, 1943년 대대적으로 사용하기 시작한 기계적 전파방해방법인 채프(Chaff) 살포는 독일 상공 전역에 광범위하게 사용되어 독일의 조기경보 및 사격통제 레이더를 마비시킴으로써 연합국의 폭격기가 자유롭게 독일의 목표물을 폭격할 수 있도록 하였다.

전파를 이용하여 정보를 수집하는 전자지원(ES : Electronic Support)과 이를 방해하는 전자공격(EA) 등의 전자전 수행능력에서 독일보다 월등히 앞선 영국은 불과 700여 대의 전투기로 2,000여 대의 독일 전폭기를 격퇴할 수 있었으며, 1945년 노르망디(Normandy) 상륙작전 시에도 기계적 및 전자적인 방법에 의한 대규모 전파방해를 실시하여 해안선에 전개된 독일군의 모든 레이더의 기능을 마비시키고 지휘통신망을 교란시킴으로써 연합군의 상륙작전 성공에 크게 기여하였다.

2차 대전이 끝난 후 답보상태에 있던 전자전 분야는 베트남전에서 구소련의 레이더 유도 지대공 미사일인 SA-2에 의해 미 공군의 F-4 팬텀기가 격추되자 다시 그 중요성이 부각되었다. 레이더 유도를 받는 구소련제 대공무기에 의한 미군 항공기 손실이 늘어감에 따라 이들을 무력화시키기 위한 전자방해 및 대공제압 계획이 급격히 추진되어 폭격기를 개조한 전자교란 임무기 EB-66 및 전투기를 개조한 대공제압기 F-100F, F-105F, F-105G 와일드 위즐(Wild Weasel)기가 속속 등장하게 되었으며, 이들 전자전 전담항공기의 출현으로 대공무기에 의한 항공기의 손실을 현저히 감소시킬 수 있게 되었다.

전자교란기는 적 레이더 전파를 교란함으로써 침투항공기 탐지를 불가능하게 하는 소극적 방공망제압 임무기라고 한다면, 적의 레이더에서 방사되는 레이더파를 탐색추적하여 파괴하는 적극적인 방공망제압 임무를 수행하는 항공기는 대공제압기라고 말한다.

대공제압기 개발은 레이더파를 추적하여 파괴할 수 있는 대 레이더 미사일(AR : Anti-Radiation Missile)이 개발됨으로써 가능했는데, 레이더파 탐색 및 추적 장비를 탑재하고 대 레이더 미사일을 주 무장으로 한 F-100F, F-105F, F-105G 와일드 위즐기가 베트남전에서 최초로 운용되었으며, 현재는 미 공군에서 F-4G와 독일 및 이탈리아 공군에서 토마토 ERC이 운용되고 있으며, 이스라엘에서는 하피(Harpy)가 운용되고 있다.

오늘날의 전쟁은 첨단무기체계에 의한 대결이라 할 수 있는데, 그중에서도 특히 전자장비는 인간의 눈과 입, 그리고 귀와 같은 감각기관에 해당되는 역할을 수행하고 있어 전자전 수행능력의 우열이 전쟁 승패의 열쇄가 되는 직접적인 영향을 미치는 것이다.

1. 전자전의 의의

"만일 제3차 세계대전이 발발한다면 전자기 스펙트럼을 제대로 통제 및 관리하는 측이 승자가 될 것이다"라고 토마스 무어 미 해군제독이 말한 바 있다. 현대의전자전은 각종 전자병기의 개발, 전자에너지의 주파수 대역 확대 및 전자 광학무기의 등장으로 상당 수준 발전되어 가고 있어 그의 예언은 현실적으로 맞아 들어간다고 볼 수 있다.

전자전이란 우군이 전자기 스펙트럼을 사용하는 것을 견제하는 적에 대응하기 위해 적의 전자기 스펙트럼 사용을 측정, 탐지, 감시 또는 방해하는 전자기 에너지에 의한 군사적 공격 및 방어 수단을 의미한다.

2. 전자전 수행 목적

과학무기가 고도로 발달한 현대의 항공작전에 있어서 적의 공중공격은 개전 초기 대규모 전자전을 실시하여 아군의 방공능력을 감소시킨 후 전장의 주도권을 장악하려 할 것이다. 이러한 적의 공중공격을 최대한으로 분쇄하고 아군의 공중공격 및 방공작전의 효과적인 수행은 전자전 작전의 성공적인 수행 여부에 좌우된다 하여도 과언이 아니다.

전자전 수행 목적은 첫째, 공중공격의 성공률 및 전술기의 생환율을 월등히 증가시키고, 둘째, 적 공중공격의 성공률을 현저히 감소시키고 공격작전 및 방공작전을 성공적으로 수행하는 데 있다.

따라서 전자전 수행을 위해 고도로 정예화된 전술요원이 필요하며, 공중공격 및 방공작전을 효과적으로 수행하기 위하여 관계 전술요원은 전자전에 대한 계속적인 연구개발 및 교육훈련이 요구되는 것이다.

3.2. 전자전기 소개

전자전기 개발은 최고의 전자공학기술이 요구되며, 기술개발 및 체계종합에 거액의 비용과 많은 시간이 소요되는 관계로 새로운 기종의 개발보다는 기존의 항공기를 기본모델로 한 성능향상에 주력할 것으로 보이며 중진국 이하 여러 나라의 수요를 충족시키기 위하여 고가의 전자전기보다는 성능이 다소 떨어지더라도 값이 저렴한 전자전기를 개발하는 추세가 될 것으로 예상된다. 여기에서는 실전에 참가한 주요 전자전기를 중심으로 알아보기로 한다.

1. EA-6B

(1) 배 경

미 해군과 그루먼(Grumman)사는 1960년대 초 미 해군의 대표적 공격기였던 A-6A 공격기를 개조, 각종 전자장비를 탑재하여 EA-6A '전자공격기(Electric Intruder)'로 분류하였으며, 이 항공기는 1963년 4월 26일, 최초비행 이후 만족할 만한 성과를 보임으로써 미 해군에 의해 정식으로 채택되어 양산에 들어가게 되었다.

그러나 미 해군은 급속도로 발전하는 미래의 다양한 전자전 위협에 대응할 수 있는 더욱 우수한 전자전기의 필요성을 느끼게 되어 EA-6A의 개량을 검토하게 되었다.

또한 그루먼사에서는 1964년 6월 1명의 조종사 외 3명의 전자전 통제사(EWO : Electric Warfare Operator)가 탑승하는 EA-6B 설계안을 미 해군에 제시하였으며, 미 해군은 이 설계안을 토대로 EA-6A 후속 전자기에 대한 요구성능을 수립하였다. 이러한 미 해군의 요구성능과 1962~1965년 사이에 쿠바와 동남아시아에서 경험한 전자전 상황을 바탕으로 개발을 시작한 EA-6B 정찰기(Prowler)는 전자장비의 급속한 발전에 따라 새로이 개발되는 시스템을 융통성 있게 수용할 수 있도록 하였다.

(2) 주요 제원 및 성능

- 전　장 : 16.7m
- 기　폭 : 16m
- 기　고 : 4.9m
- 자　중 : 11,300kg
- 최대이륙중량 : 26,300kg
- 최대속도 : 1,030km
- 실용상승고도 : 12,000m
- 항속거리 : 3,220km

• 전자전 장비 : ECM pod, HARM 장착
  * 제작국/제작회사 : 미국/그루먼사

(3) 특 성

EA-6B 정찰기는 4명의 승무원을 탑승시키기 위해 동체를 1.37m 연장하고 수직 꼬리날개 위에 커다란 전자방해(ECM) 포드를 고정 탑재한 것을 제외하고는 A-6A와 비행성능 및 외형은 유사하다.

EA-6B 시제기는 1968년 5월 25일 최초로 비행을 하였으며, 1971년 1월부터 미 해군에 인도를 시작하였다. 그 이후 전파방해 효과를 증대시킨 EA-6B 아이캡(Increased Capability) 항공기는 다시 아이캡-Ⅰ 및 아이캡-Ⅱ 두 단계로 개조되어 현재 미 해군의 표준기로 운용되고 있는데, EA-6B 아이캡-Ⅰ은 전자방해장비의 성능향상은 물론, 항공기 자체 성능향상이 동시에 이루어졌으며, 1980년 6월 24일 최초비행을 한 EA-6B 아이캡-Ⅱ는 주익 하부에 전자방해 포드를 장착하는 등 더욱 향상된 전자전 수행능력을 갖추도록 개조되었다.

EA-6B 아이캡-Ⅱ에 이은 EA-6B 애드브캡(Advanced Capability) 프로그램은 전술방해 시스템을 위한 새로운 장비를 개발하여 주익 하부에 대레이더 미사일(HARM : High Speed Antiradiation Missile)과 전자방해(ECM) 포드를 장착할 수 있도록 한 시제기가 1989년에 최초비행을 하였다.

[그림 2-24] EA-6B 아이캡-Ⅱ는 주익 하부에 5개의 ECM 포드를 장착하여 더욱 향상된 전자방해 능력을 갖추었다.

더욱 향상된 전자방해 능력을 갖추기 위해 개조된 EA-6B 아이캡-II는 주익 하부에 5개의 ECM 포드를 장착할 수 있다. 각각의 ECM 포드는 7개 주파수 대역의 방해신호를 발생시킬 수 있도록 되어 있지만 실제 운용 시는 동시에 2개의 주파수 대역을 전파방해할 수 있다.

EA-6B 애드브캡은 1~18GHz 사이 10개 주파수 대역의 전파탐지 및 방해를 할 수 있으며, EA-6B 정찰기가 탑재하는 ALQ-99 전술전자방해 시스템은 능동 및 수동 전자방해 능력을 완전히 통합시켰다. 그 외의 전자전을 위한 장비로는 ALQ-92 UHF 통신전파 방해기와 ALQ-126 다중대역 자체방어 전자장비, ALQ-149 전술지휘 및 통제 대응장비가 있다.

EA-6B의 주 임무는 공격편대군과 함께 침투(Escort Jamming)하거나, 적의 대공무기 사정거리 밖에서 선회대기 비행을 하면서 공격편대군의 침투 및 이탈회랑 내의 적 레이더 활동을 방해(Stand Off Jamming)함으로써 공격편대군의 피해를 방지하고 공격효율을 극대화시킬 수 있도록 하는 것이며, AGM-88 함을 장착함으로써 제한적 대공제압 임무도 수행할 수 있다.

(4) 운용국가 및 실전사례

EA-6B는 190여 대가 생산되어 현재 미 해군과 해병대에서 164대를 운용하고 있다. 그리고 현재 운용 중인 EA-6B Icap-II 100여 대가 EA-6B 애드브캡으로의 성능개량 작업 중에 있으며, 2000년대까지도 소수이지만 수출을 위한 생산을 계속할 예정이다.

1963년, EA-6A가 최초로 베트남전에 투입되기 시작하여 적의 방공망 제압(SEAD : Suppression Of Enemy Air Defense), 공격편대군 엄호(Strike Package Escort) 등의 임무를 성공적으로 수행하였고, 1991년 걸프전 당시에는 미 해군 및 해병대의 EA-6B가 미 공군의 EF-111과 함께 공격편대군의 엄호를 위해 편대군 동반비행(Escort Jamming) 및 원거리 대기비행(Stand Off Jamming)을 하며 적 레이더에 대한 효과적인 ECM을 실시함으로써 공격편대군의 80%가 넘는 공격성공률과 항공작전 사상 유래없는 최저 출격손실률(0.05%)을 기록하는 데 지대한 공헌을 한 바 있다.

2. EF-111A 라벤(Raven)

(1) 배 경

미 공군은 전자전 지원을 위한 전자교란기로 1967년부터 EB-66을 개발하여 운용하여 왔으나, 베트남전에 투입된 EB-66은 전자교란 효과가 미흡하여 월맹의 지대공 미사일 및 대공포(AAA : Anti-Aircraft Artillery) 체계에 대한 효과적인 대응을 할 수 없었다. 또한 구소련이 동유럽에 구축하고 있는 성능이 향상된 지대공 미사일 및 대공포 등의 방공체계는 서방세계에 큰 위협이 되어 왔다.

이러한 베트남전에서의 경험과 유럽에서의 구소련의 위협에 대처하기 위하여 미 공군은 1971년부터 EB-66을 대체할 강력한 전파방해 효과를 보유한 차세대 전자전기의 개발을 검토하기 시작하였다. 이에 따라 마하 2.5의 고속성능을 보유하고 있으면서 긴 항속거리와 저공침투 능력, 탑재능력 등이 우수하여 적지 깊숙이 침투하는 공격편대군을 선도하는 능력을 갖춘 F-111을 개조하기로 결정하였다.

1981년 6월 26일 첫 비행한 EA-111A의 양산형은 그해 7월부터 미 공군에 인도되어 작전배치되기 시작하였으며, 1987년 1월 미 공군과 그루먼사는 전자장비의 발전추세에 부응하기 위하여 전자전 장비를 비롯한 항공전자장비 현대화를 위한 계약을 추가로 체결하였다.

(2) 제원 및 성능

- 전　장 : 22.3m
- 기　폭 : 19.2m
- 기　고 : 5.2m
- 자　중 : 20.860kg
- 최대이륙중량 : 41,280kg
- 외부탑재능력 : 13,150kg
- 최대속도 : M2.2
- 실용상승고도 : 179,800m
- 항속거리 : 4,700km
- 전자전 장비 : ECM Pod 장착

* 제작국/제작사 : (미) 제너럴 다이내믹/그루먼사

[그림 2-25] EF-111A는 미 공군에서 총 24대를 운용하고 있으며 미국 이외의 국가에는 제공되지 않고 있다.

(3) 특 성

EA-111A는 조종사와 전자전 통제사 2명으로 운용되는데, 모든 전술 전파방해 시스템은 전자전 통제사에 의해 운용된다. 또한 적의 대공무기 사정거리 밖에서 선회하며 강력한 전파방해 시스템을 사용하여 아군 공격기 편대의 항로를 보호하는 원격 전파방해 방법(Stand-Off Jamming)과 중요한 목표물을 공격하기 위한 공격기 편대와 동반 침투하여 전파 방해하는 전술(Escort Jamming) 등을 통해 아군 공격기 편대를 적의 지대공 미사일 및 대공포 위협으로부터 벗어나게 한다.

이러한 임무수행을 위한 EF-111A의 장비는 전술전파방해 시스템, 자체방어 시스템, 레이더 경보수신기 등 다양하다. 전술전파방해 시스템은 적의 전파 발사원을 신속히 탐지, 식별 후 위치를 확인하여 주며, 고출력 전파방해장비는 적의 레이더망을 교란하여 무력화시킨다.

그 밖에 지형에 따라 일정한 고도를 유지시켜 저고도 침투를 가능케 하는 항법레이더와 관성항법장치를 갖추고 있으며, 1987년 시작된 장비 현대화 계획에 따라 링 레이저 자이로 관성항법장치와 위성항법체계(GPS : Global Positioning System)를 장착하였다.

(4) 운용국가 및 실전사례

EF-111A는 1986년 11월까지 총 24대가 미 공군에 인도되어 2개의 전자전 대대에서 운용되고 있으며 미국 이외의 국가에는 제공하지 않고 있다. 이 전자전기는 걸프전에 참가하여 EC-130H와 함께 이라크군의 지휘통신체계에 대한 방해와 이라크군의 레이더망을 교란하여 공격편대군의 표적공격을 지원하였고, F-4G와 함께 이라크군 방공망을 제압하여 걸프전을 승리로 이끄는 데 커다란 기여를 하였다.

3. EC-130 볼란트 솔로, 컴퍼스 콜

(1) 배 경

미 공군은 1960년대 중반에 전투공격기의 지상작전 지원을 위한 전장 공중지휘통제기로서 C-130 항공기를 개조한 C-130E를 개발하였으며, 베트남전에 투입되어 효과적으로 운용되었다.

베트남전이 끝난 이후 1975년 C-130E-Ⅱ는 전장 공중지휘통제를 위한 EC-130E 볼란트 솔로(Volant Solo) Ⅰ과 심리전 능력을 갖춘 EC-130E 볼란트 솔로(Volant Solo) Ⅱ로 대치되기 시작하여 현재까지 운용되고 있으며, 또한 통신교란 전문항공기 개발을 위한 컴퍼스 콜(Compass Call) 프로그램을 추진하여 EC-130H 컴퍼스 콜기를 1982년 4월부터 배치하기 시작하였다.

(2) 주요 제원 및 성능

- 전 장 : 29.8m
- 기 폭 : 40.1m
- 기 고 : 11.7m
- 자 중 : 19.200kg
- 최대이륙중량 : 34,100kg
- 탑재능력 : 19.500kg
- 최대속도 : 600km
- 실용상승고도 : 10,000m
- 항속거리 : 3,210km

• 전자전 장비 : 통신교란장비, TV/라디오 방송장비
* 제작국/제작사 : 미국/록히드사

(3) 특 성

EC-130E 볼란트 솔로는 전장 공중지휘통제 임무와 심리전 임무를 수행할 수 있도록 기수 쪽에 조작용 콘솔을 탑재하고 후미 쪽에 6개의 송신기를 장착하였다. 승무원은 조종사 2명 등 총 11명이 탑승하는데, 이 중 장비조작사 5명과 전자전 통제장교 1명이 심리전 및 전자전을 위한 장비를 운용한다. 탑재된 라디오 콘솔 장비는 라디오 송수신기, 생방송용 마이크로폰 시스템, 비디오 작동기, 음성 녹음기 등을 갖추고 있어 350~450kHz의 주파수 영역에서 다수의 채널로 라디오 방송을 동시에 수행할 수 있으며, 1개의 TV 방송과 제한된 라디오 생방송, 지상방송의 중계로 방송거리를 확장시키는 등의 심리전을 수행할 수 있다.

또한 8개의 무지향성 수신안테나를 사용하여 200~1,000kHz 범위 내에서 적의 육성 및 데이터링크 통신의 감청과 녹음이 가능하며, 기존 방송체계와 동일한 송신기 사용으로 기존의 라디오, TV 및 지휘통신체계를 전파방해하는 등의 제한된 통신교란 임무를 수행할 수 있다.

[그림 2-26] 통신교란 전문 항공기 개발을 위한 컴퍼스 콜 프로그램으로 EC-130H 컴퍼스 콜기가 개발되어 1992년부터 운용하기 시작하였다.

1988년 이후 성능개량을 위한 개조작업을 실시하여 공중급유 시스템을 부착하고 자체보호 레이더 경보기 및 채프/플레어기를 장착하였으며, 세 가지 방식의 TV 방송과 UHF TV 방송을 가능하게 하는 10kW의 신형 고출력 송신기, TV 방송 유효거리를 증가시키기 위한 신형 지향성 안테나, 그리고 AM 방송영역을 증가시키기 위한 수직 와이어 안테나와 작전 신뢰도를 향상시키기 위한 MF 송신기를 장착하였다.

본격적인 통신교란 임무기인 EC-130H 컴퍼스 콜은 총 12명의 승무원이 탑승하여 20~1,000MHz의 광범위한 주파수 범위를 갖는 전파방해장비를 사용하여 모든 적의 지휘통제 통신망을 무력화시킴으로써 적의 작전 지휘통제를 불가능하게 하는데, 통상 고도 15,000~20,000ft, 속도 240kts로 전방으로부터 30~50NM 떨어진 아군지역에서 임무를 수행한다.

(4) 운용국가 및 실전사례

미 공군은 4대의 EC-130E 볼란트 솔로를 공중 지휘통제대대와 특수작전단에서 운용 중이며, 16대의 EC-130H 컴퍼스 콜을 2개의 전자전 대대에서 운용하고 있다. EC-130은 1970년 캄보디아 내전과 1983년 그래나다 침공 시 활약하였으며, 1991년 걸프전에 참전한 EC-130H 컴퍼스 콜은 EF-111과 함께 통신교란 임무를 실시하여 이라크군의 지휘통제체제를 마비시킴으로써 다국적군의 성공적인 작전수행의 기틀을 마련하였다.

4. 토네이도

(1) 배 경

토네이도(Tornado)는 '돌풍'이라는 의미를 가진 단어로서 200ft의 저고도를 고속으로 비행하면서 확산탄을 사용하여 폭풍과 같이 폭격을 하는 데서 비롯된 이름이다. 나토 가맹국들이 적의 위협에 공동으로 대처하기 위하여 국가별로 운용되는 군수장비를 표준화해서 운용하는 전통적인 개념하에서 개발되었다.

나토 회원국인 영국, 서독 및 이탈리아 3국은 1969년 3월 전투기 합작 개발 생산에 합의하고 영국의 BAe사, 서독의 MBB사 및 이탈리아의 에어리탈리아(Aeritalia)사 등 유럽의 유수한 항공사들의 합자회사(Consortium) 형태로 서독의 뮌헨(Munich)에 파나비아(Panavia) 항공사를 설립하여 토네이도 생산에 대한 개발시험 및 생산을 하였다.

토네이도는 1969년부터 연구개발이 진행되어 1974년 8월에 최초의 시제기가 시험비행을 실시하였으며, 1976년 6월 3개국은 총 800여 대의 토네이도 생산을 계약하고 국가별로 생산에 착수하여 1979년 영국과 서독에서 제작한 완제기가 최초의 비행에 성공하였다.

(2) 주요 제원 및 성능

- 전　장 : 16.7m
- 자　중 : 14,100kg
- 최대속도 : 마하 2.2
- 기　폭 : 27.2m
- 최대무장적재량 : 8,620kg
- 기　고 : 6m
- 최대이륙중량 : 27,2000kg
- 항속거리 : 3,200km
- 전투행동반경 : 3,200km

* 제작사 : 파나비아사(영국, 독일, 이탈리아 합작)

[그림 2-27] 토네이도 ECR은 비행자료 상호 연계장치(ODIN)를 탑재하여 정찰과 공격의 상호 연결을 용이하게 하였다.

(3) 특 성

토네이도 ECR은 미래의 예상되는 전자전 위협에 대처하기 위하여 개발된 미래형 항공기로서 승무원은 전방석의 조종사와 항법장비 및 레이더를 조작하는 후방석의 무기통제사 등 2명이며 쌍발의 터보팬 엔진을 장착한 가변익 항공기다.

토네이도 개발의 핵심은 기본적으로 미국의 F-111과 유사한 개념의 강력한 대지 공격기로서, 레이더에 포착되지 않도록 초저공으로 적지를 고속 침투하여 비행장, 전차부대 및 물자저장소를 집중 폭격할 수 있는 능력에 두었다.

이 전자전기는 전자전투 및 정찰을 위한 장비인 레이더파 위치 탐색장비(ELS : Emitter Location System)와 전천후 항공정찰 임무수행을 가능하게 하는 적외선 영상장비(IIS : Infra-Red Imaging System), 악기상이나 야간에도 저고도 비행을 가능하게 해주는 전방탐색 적외선(FLIR : Forward Looking Infra-Red) 장비 등을 탑재하고 있다. 또한 후속 공격기나 지상통제소에 실시간정찰자료 송신을 위한 비행자료 상호 연계장치(ODIN : Operation Data Interface System)를 탑재함으로써 정찰과 공격의 상호 연결을 용이하게 해주며, 탑재 컴퓨터로 조종사 및 무기통제사에게 목표물 선정을 위한 제반 자료와 전술적 결심을 수립하기에 충분한 정보를 제공한다.

토네이도 ECR의 기본무장은 적의 지대공 미사일 기지 및 레이더 기지를 추적하여 파괴하는 대공제압 임무를 위한 대 레이더 미사일인 AGM-88 고속 대방사 미사일(HARM : High Speed Anti-Radiation Missile) 2기와 공대공 임무를 위한 AIM-9L 사이드와인더 2기를 장착하며 그 외의 전자방해 포드와 외부 연료탱크 등을 장착한다.

(4) 운용국가 및 실전사례

1979년 영국 공군에서 운용을 시작한 이래 토네이도는 1991년 1월까지 약 900대가 생산배치되었으며, 토네이도 ECR은 1990년 1월 독일 공군에 처음 인도되었으며, 1992년 6월까지 총 35대를 인수하여 운용하였고, 이탈리아 공군도 1992년 7월까지 총 16대를 인수하였다.

토네이도가 실전에 참가한 것은 1991년 1월에 발발된 걸프전이 최초로서 다국적군의 일원인 영국, 이탈리아 및 사우디 공군의 토네이도 IDS 및 ADV가 130여 대 참전하였다. 그러나 토네이도 ECR은 당시 독일이 걸프전에 참전하지 않았기 때문에 아직까지 실전경험은 없다.

제 4 절 공중조기경보 통제기

4.1. 개 요

1. 걸프전에서의 공중조기경보 통제기

사우디아라비아의 F-15기 조종사인 아예드 알 샤라니 대위는 1991년 1월 24일 걸프전 발발 이후 처음 공중공격에 나선 이라크의 미라주 F-1기 2대를 한꺼번에 격추시켜 사우디아라비아의 국민적 영웅으로 떠올랐다.

그런데 샤라니 대위가 이라크기를 격추시키는 데는 역시 '하늘의 경찰관'이라 불리는 공중조기경보기(AWACS : Airborne Warning And Control System)가 결정적인 역할을 한 것으로 알려졌다. AWACS는 이날 이라크기의 움직임을 감시하던 중 이라크기가 사우디의 영해를 침범하자 이미 출격명령을 받고 비행 중이던 샤라니 대위에게 정확하게 위치를 알려주고 미사일 발사명령까지 내려 이날 샤라니 대위가 전공을 세우는 데 결정적으로 기여했다.

AWACS는 또 이라크기들이 잇따라 이란으로 대피하고 있는 사실도 처음부터 탐지하여 계속 그 동태를 감시한 것으로 알려졌다. 걸프전에서 AWACS의 주요 임무는 이라크기의 비행을 감시, 다국적군기들의 피격을 막아주고 선제공격을 가능토록 하며 지상목표물의 위치를 확인, 전폭기들의 폭격을 유도해 주는 것이었다.

이를 위해 AWACS는 사우디아라비아 · 이라크 · 쿠웨이트 국경의 31,000ft (1만 미터) 상공을 24시간 교대로 비행하면서 쿠웨이트는 물론, 이라크 쪽 지역까지 비행물체의 이동을 손금 보듯 하고 있었다.

2. 공중조기경보기(AWACS) 개발 역사

영국 공군은 1940년대 초 독일에 비해 두 가지 기술적 우위를 지니고 있었는데, 그것은 조기경보 레이더와 시험 완료한 믿을 만한 지휘 및 통제체제였다.

영국은 100마일 혹은 그보다 더 먼 거리에서 적기의 공중배치 형태를 탐지할 수가 있었고 지휘 및 통제로 아주 적절한 시간에 가장 위협적인 공격군에 대해 자국 전투기의 긴급 출동과 배치를 할 수 있었다.

[그림 2-28] 최초의 함상 조기경보기인 그라만 TBM-3W, 동체 아래에 APS-20 레이더 장착

레이더와 통신은 2차 대전 중에도 그리고 그 후에도 아주 빠른 속도로 발전하였다. 전쟁 말기까지 레이더는 지상기지에서뿐만 아니라 선박과 항공기에서도 작동되고 있었다. 그 기능들은 조기경보뿐만 아니라 수면에 떠 있는 잠수함과 군함도 탐지하게 되었다.

미국 해군이 공중조기경보기를 개발한 역사를 살펴보면 태평양 전쟁 말기에 일본군의 특공대에 대한 대책으로 TBM-3W 아벤저에 수색 레이더를 탑재한 것이 그 효시였다. 현재 일본의 항공자위대도 사용하고 있는 E-2C 호크아이 조기경보기가 아벤저의 후예에 해당하는 항공기라는 사실은 대단히 흥미롭다.

1940년대 중반에 등장한 TBM-3W에서 시작된 조기경보기는 그 후 레이더와 미사일이 발달함에 따라 한층 중요성이 강조되어 지금은 미국 해군은 물론 세계 각국에 보급되기에 이르렀다. 게다가 최근에는 조기경보기능에다 지휘·통제 기능이 추가되어 다목적성을 지닌 공중조기경보 통제기로 발전했다.

현재 각국의 공중조기경보기를 살펴보면, 미국 공군의 E-3(B-707/767) AWACS와 미 해군의 E-2C, 스웨덴의 SAAB-340, 이스라엘의 팔콘- 707/767, 소련의 Tu-126(Moss) 및 IL-76(Main Stay) 등이 실전배치되어 운용 중에 있거나 연구개발 중에 있다.

3. 현대전에서의 AWACS

1950년대와 1960년대의 전자혁명은 레이더가 컴퓨터 프로세서와 디스플레이에 결합된 향상된 레이더 시스템을 탄생시켰다. 이것은 점차로 신뢰성과 성능을 개선하기 위한 소형화된 전자부품에 의존하게 되었다. 미국과 소련에서 개발된 거창한 대탄도탄 요격미사일 장치와 같은 대형 레이더 시스템은 핵위협의 조기경보를 위해 지구 대기권 밖을 탐색할 수 있는 능력을 갖추고 있었다. 그러나 레이더나 통신시스템이 아무리 고도화되더라도 아직 한계가 있었는데, 이것은 레이더의 사각지대 혹은 지구의 곡선으로 인한 지상레이더의 가시선(사각지대) 때문이었다.

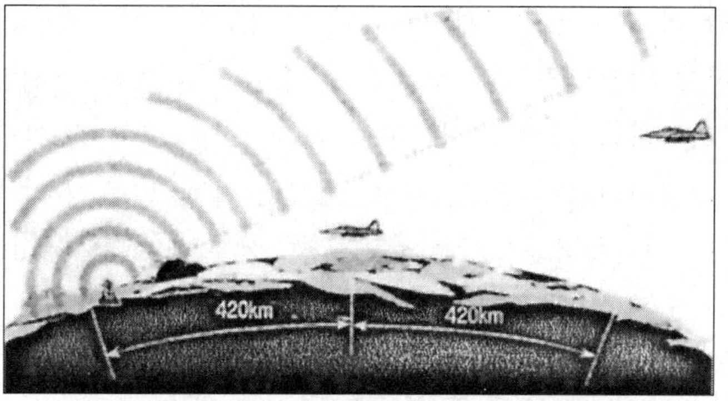

[그림 2-29] 지상레이더의 탐색범위

지상레이더의 감시능력은 공 모양으로 생긴 지구의 형태 때문에 탐지거리가 65km로 제한받고 있어 현대 항공기나 미사일의 속도를 계산할 때 65km 이내에서 탐지된 적기는 5분 이내에 우군의 머리 위에 도달하게 되어 그에 대응할 시간적 여유가 거의 없게 된다. 따라서 레이더를 공중에서 운용한다면 그러한 제약은 크게 감소하여 탐지거리가 대폭 늘어나게 될 것이다.

예를 들어 1만 미터 상공에서 레이더를 운용한다면 동일 성능의 레이더를 지상에서 운용할 때보다 5배나 먼 거리를 탐색할 수 있다.

공중조기경보기가 지닌 가장 큰 장점은 지상레이더가 탐지할 수 없는 저공을 침투하는 비행기와 미사일 등을 원거리에서 탐지할 수 있다는 것이다.

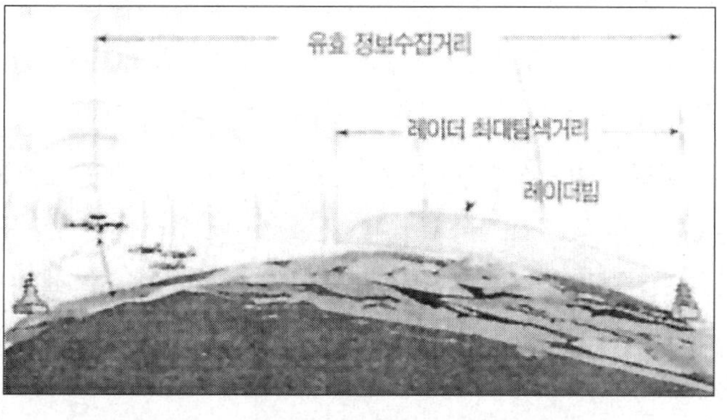

[그림 2-30] 공중조기경보기의 유효 탐지거리

다음 세기의 공중조기경보기는 스커드와 같은 장거리 미사일 발진을 탐지하고 미사일의 비행항로를 따라 계속 추적하기 위하여 적외선 추적기와 레이더나 다른 센서들을 사용하게 될 것이며, 위성통신과 고속 컴퓨터 데이터링크는 공중, 지상, 그리고 해상 배치 전력에 경보를 제공하여 적의 미사일을 비행 중에 파괴할 수 있게 해줄 것이다.

4.2. 주요 공중조기경보기 소개

1. E-2C 호크아이

(1) 배 경

초기의 공중조기경보 플랫폼은 기존 항공기의 변형으로 조기경보 임무를 수행하도록 완전하게 구성되지 않았고, 효과 면에서도 한계가 있었지만 저공 비행기를 탐지할 수 있을 만큼 탐색범위를 확대하는 데는 성공적이었다.

1960년대 새로운 항공기로서 E-2A 호크아이(Hawkeye)가 공중조기경보 임무를 수행하기 위해 특별히 설계되었는데 장시간 체공임무와 항공모함 작전을 위한 견고한 구조에 터보프롭 엔진을 연결시켰으며, 완벽한 통신 및 항법장비, 3명의 오퍼레이터들을 위한 레이더 디스플레이와 특수목적의 중앙통제 컴퓨터를 갖추었고 항공전자의 중심은 레이더와 독특한 로터돔에 설치된 안테나 세트이다. 이것은 수백 킬로미터 내에 있는 저공비행 항공기를 탐지하는 능력을 발휘하였다.

E-2C 호크아이 조기경보기는 호크아이라는 별명 그대로 미국 해군의 항공모함 기동부대의 눈 역할을 하고 있다. E-2C 시리즈는 처음부터 조기경보 통제기로 개발된 유일한 항공기이며 초기 생산형인 E-2는 1964년부터 배치 운용되었다.

[그림 2-31]　로터돔 레이더를 장착한 미 해군의 E-2C

(2) 주요 제원 및 성능

□ 항공기

- 제 작 사 : 노스럽 그루먼(미)　　　　• 기　　고 : 5.58M/
- 기 장/기 폭 : 17.54m/24.56m
- 자 중/최대이륙중량 : 17,279kg/23,560kg
- 엔　　진 : 앨리슨 T56-A-425 터보프롭 엔진
- 최대순항속도/순항속도(km/h) : 576/496
- 순항거리 : 2,583km　　　　　　　• 실용상승고도 : 9,387m
- 체공시간 : 6시간

[그림 2-32]　1950년대 미 해군의 초기 공중조기경보기인 그루먼사의 E-1B 트레이셔

□ **레이더**

- 제 작 사 : 록히드마틴(미)
- 장 비 명 : AN/APS-145
- 레이돔 직경 : 7.2m
- 안테나 회전 : 6~5rpm
- 탐지거리 : 저고도200/장거리248nm
- 빔 형 태 : 팬 빔
- 작동원리 : 펄스 도플러, 펄스압축
- 주 파 수 : 600MHz
- 식별장비 : 모드 1,2,3,4,c
- 항적처리 능력 : 400개
- 관제능력 : 15 항적
- 콘 솔 수 : 3개(관제2, 감시1)
- 전자전 능력 : 자동탐지 및 방어능력

(3) 특 성

이미 30년 이상이 지났지만 지상을 저고도로 비행하는 목표물을 탐지할 수 있는 능력을 보유한 E-2C가 등장한 것은 1972년으로 기록된다.

감시체계의 주 장비인 레이더는 초기에 제너럴 일렉트릭사의 APS-120 레이더를 탑재하였으나 그 후 목표물을 자동탐색, 분석하고 방해신호를 제거할 수 있는 탐색범위 463km의 APS-125 진보된 레이더 처리시스템(ARPS : Advanced Radar Processing System)으로 교체되었고, 1983년 신형 APS-138 레이더로 교체과정을 거쳐 1989년도부터는 새로운 상황처리기법으로, 특히 잡음이 심한 작전상황하에서 항적탐지 능력을 향상시킨 APS-145 레이더로 개선되었다.

E-2C기에 탑재된 전자장비는 교신량이 많은 작전상황을 고려하여 이를 충분히 수용할 수 있는 처리능력을 보유하였으며, E-2C 레이더로부터 입력되어 자체 생성된 항적과 타 항적 생성시스템으로부터 입력된 항적 등 총 400개의 항적을 동시에 처리할 수 있고, 요격기의 연료상태와 무기의 이용 가능성 등을 계속 점검하는 상호 교신용 공대공(Two-Way Air-To-Air) 데이터링크는 목표물에 대한 아군 요격기의 유도를 보다 용이하게 해준다.

또 다른 시스템과는 대조적으로 E-2C기의 디지털 데이터링크는 수집된 정보를 임무 교대하는 다른 E-2C에게 남겨줄 수 있어 연속적인 감시를 할 수 있다. 그리고 후부 동체 상부에 탑재한 회전식 레이돔은 분당 6회전을 하고 있으며, 상하로도 60cm를 움직일 수 있어 탐지능력을 극대화하고 있다.

(4) 운용국가 및 실전사례

E-2C 호크아이는 미 해군에서 150여 대를 운용하고 있으며, 일본(10), 이스라엘(4), 이집트(5) 및 싱가포르(4)에도 수출되었다.

이스라엘의 E-2C는 1982년 베카계곡 전투 시 조기경보 및 공중지휘통제로 자국기의 피해를 최소화하고 적에게 큰 타격을 주는 데 기여했다. 1989년에 지중해에서 발생한 미국과 리비아 전투기 간의 우발적인 공중전에서도 항모에서 이륙한 E-2C가 미 해군의 F-14를 효과적으로 지휘통제함으로써 리비아의 NiG-23을 격추하는 데 중요한 역할을 하였다. 또한 걸프전에서도 E-3 센트리와 함께 공중경계 및 지휘통제 임무를 수행하였다.

2. E-3 센트리

(1) 배 경

1970년대의 또 다른 공중조기경보기의 성공작은 E-3 센트리(Sentry)이다. E-2C와는 달리 이것은 여객기인 B-707을 변형한 것이다.

센트리는 공중조기경보와 통제시스템(AWACS : Airborn Warning And Control System)으로 유명해지게 되었다. E-3 센트리의 운용개념은 미국의 대륙 공중방위와 유럽에 있어서 나토 중심부의 작전이었다. 최근 수년간 미국과 나토군에 배치된 센트리는 100년 전에 유럽 제국에 의해 전함이 사용된 것처럼 분쟁지역에서의 감시와 군사적 결정을 보여주기 위한 전략적 도구로서 역할을 하였다. 즉 공중조기경보 통제체계라는 명칭이 보여주듯이 E-2C의 조기경보기능에다 보다 차원 높은 지휘, 통제기능을 첨가시킨 항공기이다. 그런 만큼 E-2C가 쌍발 터보프롭 엔진을 보유한 반면 E-3는 4발의 터보팬 엔진을 장비하여 최대 이륙중량이 147톤에 달하는 대형기이다.

미 공군은 1973년 1월 대규모의 E-3A 개발계획을 발표하였고, 1975년 초 생산계획이 승인되어 1977년 3월 JT3D-7 터보팬 엔진을 장착하고 후방 동체 상부에 대형 회전식 레이돔을 탑재한 EC-137D가 E-3A 센트리라는 이름으로 미 공군에 최초 인도되었다. 한편 북대서양 조약기구(NATO)는 미국 40%, 독일 30%, 캐나다 9.5%, 이탈리아 7.5% 그리고 나머지 13%는 영국과 기타 국가에서 예산을 분담하는 조건으로 E-3A기를 도입하기로 하여 첫 E-3A기가 1981년 3월 독일에 배치되었다.

(2) 주요 제원 및 성능

□ 항공기

- 제 작 사 : 보잉사(미국)
- 기 체 : 보잉 707-320B 개조
- 기 체 : 12.73m
- 기장/기폭 : 46.61m/ 44.42m
- 최대이륙중량 : 147,420kg
- 로터돔 지름 : 9.14m
- 최대속도 : 마하 0.8
- 작전행동반경 : 12.035km
- 실용상승고도 : 11,887m
- 임무고도 : 9,114m
- 체공시간 : 11시간 30분

□ 레이더

- 제 작 사 : 노스럽 그루먼(미) 레이더
- 장비명칭 : AN/APY-1, 2(펄스 도플러 천이레이더)
- 레 이 돔 : 직경 9.2m, 중량 1,540kg(유리섬유로 제조)
- 로터돔 높이 : 3.3m(동체로부터)
- 안테나 회전 : 6rpm
- 탐지거리 : 저고도 354km/고고도 643km
- 탐지고도 : 30,480m
- 빔 형태 : Pencil 빔(26개 Slot)
- 작동원리 : 펄스, 펄스 도플러, 펄스압축

• 주파수 : 3,000~4,000MHz(S)
• 고도측정 : 스캔 빔(28개 Slot) • 항적처리 능력 : 600항적
• 콘 솔 수 : 14(관제 7, 감시 4, 기타 3)
• 동시관제 능력
음성관제 능력(콘솔) : 40편대/데이터링크 관제능력(요격기) : 45쏘티
• 전자전 능력 : 적 미사일 공격 방해 능력, 자동탐지 및 방어 능력, ESM 능력

□ 주요 기술

• ESM 장비 : AN/AYR-1
• 피아식별장비 : AN/APX-103 인테로게이트(Mode 1, 2, 3/A, 4, C)
• 데이터 도기 및 통제장비 : IBM CC-2 컴퓨터
• 항법장비 : AN/ASN-19, AN/ARN-120 오메가
• 통신장비 : 14/UHF, 3/VHF, 3/HF, 1/SATCOM(인공위성 Comm')
• 데이터링크 : TADIL-C/J
• BTH(Beyond The Horizen) 레이더 안테나
• 클러터 제거, 표적 자동탐지 추적, 피아식별, 다량 데이터 동시처리 가능

[그림 2-33] 미 공군의 E-3A 센트리 조기경보통제기

[그림 2-34] E-2C에 탑승하여 공중감시 중인 통제사들

(3) 특 성

E-3는 시스템의 상징인 대형 레이돔을 탑재하기 위해 보잉 사의 기존 비행체인 보잉 707-320B를 개조하여 E-3A기를 만들었는데, 동체 후방 상부에 역 V자형 지주에 설치되어 있는 평평한 원반형의 회전식 레이돔(Radome)이 안테나 수용부이다.

회전식 레이돔은 직경이 9.14m, 최대두께는 1.83m, 동체 윗면과의 간격은 3.35m로 이 안에는 감시레이더 안테나와 피아식별기(IFF) / 전술 디지털 정보 링크(TADIL-C : Tactical Digital Information Link-C) 안테나, 레이더와 회전식 레이돔의 환기제어용 보조장치 등이 들어 있다.

레이돔은 유압으로 회전하고 레이더 작동 시 회전수는 분당 6회전이며, 레이더를 작동하지 않을 때도 베어링 윤활을 유지하도록 하기 위해 분당 1/4회전 정도로 움직이고 있다.

회전식 레이돔을 장착하고 있다는 점에서는 그루먼 사의 E-2C 조기경보기(AEW)와 같으나 작전수행 능력 면에서 큰 차이가 있는데, E-2C는 기본적으로 자료를 지상 지휘소로 보내, 거기서 비행단 또는 방공포부대로 정보가 전달되는 식인 데 비해, E-3는 요격기에 직접 표적자료를 보내 관제할 수 있다. 즉, 지상요격 센터와 같은 역할을 할 수 있어 공중지휘통제소의 역할을 수행할 수 있는 것이다.

(4) 운용국가 및 실전사례

E-3는 1977년 미 공군에 처음 인도된 후 미국이 34대를 운용하고 있으며, NATO 18대, 사우디아라비아 5대, 영국 7대, 프랑스 4대, 일본 4대를 운용하고 있다. 그밖에 한국, 스페인, 이탈리아, 파키스탄에서도 AWACS에 대한 높은 관심을 보이고 있어 E-3 보유국은 더욱 늘어날 전망이다.

걸프전 당시 미국은 11대의 E-3 AWACS를 전쟁지역에 파견하여 사우디아라비아가 보유하고 있는 5대의 AWACS와 함께 작전에 투입하였다. 지상 조기경보 시스템의 지원을 거의 받을 수 없는 상황이라 이라크의 접경지역 후방 70~80NM 지점에 3개의 체공지역(Orbit Point)을 설정하고 항상 3대의 AWACS가 동시 체공토록 하면서 사막의 방패작전과 사막의 폭풍작전 등 총 6개월 동안 825쏘티의 임무를 수행하였다.

3. IL-76 메인 스테이

(1) 개발배경

소련의 조기경보기로서는 Tu-126(Moss)와 IL-76(Main Stay) 두 기종이 있는 것으로 알려져 있으며 이들을 구소련형 조기경보 및 공중통제기(SU AWACS)라고 부르기도 한다.

1967년에 그 존재가 최초로 확인된 Tu-126은 소련 최초의 공중조기경보 통제기이지만 성능이 미흡한 항공기이다. 즉 해수면에서 날아오르는 목표물에 대한 탐지능력이 제한되고 지상을 저공으로 비행하는 목표물을 효과적으로 탐지할 수 없어서 사실상 대응을 하지 못한다고 한다. 이것은 레이더의 하방감시능력과 신호처리기술에 문제가 있다는 것을 보여주며, Tu-126는 15대 정도가 생산되고 현재 생산이 중지되었다. Tu-126의 대체기로 IL-76이 개발되었다. 기존 IL-76 수송기를 원형으로 하고 E-3를 모방한 항공기이다.

(2) 주요 제원 및 성능

- 제 작 사 : 일류신 설계국
- 기 장 : 미상 • 기 고/기 폭 : 14.76m/50.5m
- 엔 진 : 솔로비예프 D-30KP 터보팬
- 최대속도 : 850km • 순항고도 : 12,000m
- 작전행동반경 : 6,7000km

(3) 특 성

구소련은 IL-76 공중조기경보 통제기의 개발에 착수한 시기가 언제인지는 명확하지 않지만 1970년대 중반 이후로 알려져 있다. 이 기체는 1986년까지 4대가 생산되었고 현재도 개발이 한창 이루어지고 있다고 한다. 이런 종류의 복잡한 무기체계를 탑재한 항공기를 하루아침에 만든다는 것은 불가능하다는 사실을 증명하고 있다.

[그림 2-35] IL-76 AEW & C의 비행모습

미공개로 인하여 이 항공기에 대한 세부자료는 없으나 하방감시 및 하방사격(Look Down And Shoot Down) 능력을 가지고 있다고 하는 MiG-31, Su-27 요격전투기와 IL-76 공중조기경보 통제기의 통합 운용체제가 성공적으로 이루어지면 B-2 등 미국의 전략폭격기에 대한 방공능력이 향상될 것이다.

(4) 운용국가 및 실전사례

IL-76 AEW & C는 1989년 초에 구소련에 인도되어 북서지역 방공군에서 12대가 최초로 배치된 이래 연간 5대씩 생산되는 것으로 추정된다. 걸프전 당시 이라크가 2대의 IL-76를 보유 운용하였으나 세부적인 활동은 밝혀지지 않았다.

제 3 장

항공무장/방공무장

제 1 절 항 공 무 장

1.1. 일 반

1. 개 요

항공무장이란 공중을 나는 비행체에 의해 운반되어 공중이나 지상 또는 해상의 목표물에 투하 또는 발사되는 파괴수단을 총칭한다. 항공무기체계에 있어 항공기는 파괴수단의 운반체이며 항공기의 속도, 기동성, 항속거리 등과 같은 성능은 탑재하고 있는 항공무장을 원하는 위치까지 효과적으로 운반하여 조종사가 각종 전장상황에서 좌석 내에 있는 각종 전자계통의 기재취급을 효과적으로 운영하여 원하는 무장을 투하시킨다.

항공무기체계의 성능은 결국 원하는 목표에 무장을 운반하여 정확히 표적을 명중시키고 완전히 파괴시키는 능력이라 할 수 있는데, 이러한 관련요소는 무장을 운반하는 항공기와 조종사, 목표를 파괴시키는 무장 간에 상호 긴밀한 관계를 가지고 있다.

제1차 세계대전(1914~1918) 무렵의 항공기는 성능이 미흡하고 보유 숫자도 제한되어 있어 정찰이나 통신연락, 탄착유도 등 임무에 국한되어 운용되었다. 그 시대의 항공기는 주로 육군의 보조적 병기에 지나지 않았지만, 제1차 세계대전 후 각국은 항공기가 병기로서 우수한 가치가 인정되어 선진국 중심으로 집중적으로 투자되어 직접 전투에 참여시켜 우수한 병기로 발전되었다. 1939년 제2차 세계대전 초기 독일 공군의 폴란드와 프랑스 국경에 대한 기습공격, 일본 함재기의 진주만 기습으로 인한 미 해군력 괴멸, 미군기의 일본 본토 폭격, 영국과 독일 양국의 상호 본토 폭격 등이 오랜 역사적인 실증이며, 특히 2차 세계대전 말기에 일본에 투하된 두 발의 원자폭탄은 전쟁의 승패를 결정짓는 항공무장의 위력을 단적으로 설명하는 계기가 되기도 하였다.

제2차 세계대전 이후 몇 차례의 전쟁, 즉 베트남전, 4차례의 중동전, 포클랜드전 등에서도 항공세력, 즉 항공무장의 역할 지분은 꾸준히 증가되어 왔으며, 특히 최근의 걸프전은 항공전력과 지상전력의 시험무대라고 볼 수 있었으나 다국적 공군전력에 의한 이라크 지상전력의 파괴는 항공기와 탑재무기의 전술적 중요성을 나타내는 큰 역사적 예라 할 수 있다. 특히 전쟁의 개시와 지속, 즉 항공무장의 절대적 역할을 보여준 전쟁이라고 할 수 있다.

이렇듯 현대전에 있어서 절대적 영역을 점유하게 된 항공무장은 그 파괴력과 더불어 정확성 및 정밀성이 더욱 강조되고 있는데, 특히 제2차 대전 이후부터 급속히 발달한 유도기술개발은 정확도와 파괴력을 획기적으로 개량시킴으로써 오늘날 현대무기의 총아라고도 일컬어지고 있으며, 미사일 이외에도 각종 유도무기화된 무장이 현대무기체계의 주종을 이루고 있다.

현대전에서 국가 간의 군사력 우열은 지상무기보다는 궁극적으로 항공기와 탑재무기의 성능과 양으로 결정되므로 세계 각국은 성능이 우수한 항공기 및 탑재무기의 개발과 양산에 주력하고 있다. 이러한 경향은 최근의 걸프전 이후 미 공군의 공대지 항공무장획득계획을 살펴보면 잘 알 수 있는데, 획득비용 중 대부분이 미사일 및 유도폭탄 획득 분야에 투자되고 있다.

2. 항공무장의 분류

(1) 기관포

현대 공중전에서 항공기의 생존성을 높이기 위한 무장은 폭탄 및 기관포로 대별되는데 그중에서 항공기 탑재 기관포는 항공기에 있어서 가장 기본적인 무장이다. 기관포는 타 무장에 비하여 그다지 복잡한 화력통제장비를 요구하지 않으며, 공대공 및 공대지 목표물을 비교적 쉽게 공격할 수 있으면서도 또한 그 명중률이 높아 현재 거의 모든 전투기종에 다양하게 운용되고 있다.

이와 같은 항공기 탑재 기관포는 다양한 전투형태와 항공기의 수행임무, 특성 등에 따라서 항공기 장착형태 및 기관포 종류가 매우 다양하게 개발되고 있다. 현재 주로 운용 중인 기관포의 구경은 20~40mm급이 주종을 이루고 있다.

(2) 폭 탄

폭탄은 항공기에 탑재하여 지상목표물을 공격하기 위해 사용되는 무장 중에서 자체추진력 없이 자유낙하하는 항공무장이다. 이러한 폭탄은 현재 그 운용수단과 용도에 따라 매우 다양하게 개발되고 있으며, 항공무기체계의 진가를 발휘하게 하는 주요 무기로서의 위치를 유지하고 있다. 폭탄의 위력을 증대시키기 위해 장약의 고성능화, 탄체의 형상, 신관의 개량 등이 계속 연구가 되고 있으며 또한 목표물에 대한 폭격 정확도를 높이기 위해 화력통제장비와의 연동 내지 유도부분(Guidance Unit)의 사용 등을 통한 폭격체계의 개발이 계속되고 있다.

(3) 로 켓

로켓은 탄두에 폭약을 가지고 있으면서 자신이 가지고 있는 추진제로 대상 목표물을 비교적 쉽게 조준하고 공격할 수 있으면서도 기총보다 파괴력이 크며, 또한 자체추진력이 있으므로 폭탄보다 관통력이 크기 때문에 매우 다양하게 운용되고 있다.

로켓은 발사체를 주로 이용하여 공격을 하고 있으나 구경의 제한으로 고성능 폭탄이 요구되는 목표물에는 사용이 제한되고 있다. 또한 로켓은 발사 시 지구 중력에 의해 비행궤적이 아래로 휘기 때문에 수평비행을 하면서는 탄착정확도가 높게 발사할 수 없으므로 주로 급강하하면서 목표를 사격하는 방법을 주로 사용한다.

(4) 미사일

미사일은 자체추진력을 가지고 있는 점은 로켓과 같지만 자체조종면을 가지고 목표물을 향하여 유도된다는 점에서 로켓과는 다르다. 미사일의 비행경로는 초기 발사단계와 순항비행단계와 종말유도단계로 구분되는데 미사일의 종류에 따라 순항비행단계가 없거나 극히 짧은 경우도 있으며 또한 적의 대공망을 피하기 위하여 순항비행단계 시 여러 가지 유도형태를 취함으로써 쉽게 대공망을 돌파하는 경우도 있다.

미사일은 크게 나누어 기체, 추진기관, 탄두 및 유도조종장치로 구성되어 있는데 현대 무기체계에 있어서 최첨단 과학기술이 집약된 체계로 연구개발이 가장 활발하게 진행되고 있는 무기체계이다.

1.2. 주요 항공무장

1. 기 관 포

(1) 개 요

기관포를 항공기에 탑재하기 시작한 것은 1911년경으로 그 당시는 항공기 탑재용으로 특별히 개발된 기관포가 아니고 일반 소총을 항공기에 장착하는 형태를 취하였다. 그 후 1914년 제1차 세계대전이 발발하면서 항공기가 직접적인 전투수단으로 사용되기 시작하였는데, 주로 상대방 지역의 정찰 및 관측임무를 위해 항공기가 조직적으로 운용되기 시작하였으며 이에 따라 적의 활동을 저지하기 위한 공중전투도 자연적으로 발생하게 되었다. 초기에는 휴대용 권총, 소총 등을 사용하다가 점차 본격적인 공중전투를 위해 기관포를 탑재하게 되었는데, 전방발사 기총이 탄생하기까지에는 많은 우여곡절이 있었다.

공중전 초기에는 전방에 부착된 프로펠러 때문에 전방에 위치한 목표를 적절히 공격할 수가 없었던 관계로 서로 꼬리를 물기 위해 기동하는 것이 아니라 측방 또는 후방공격을 위해 상대방 항공기의 앞으로 나가기 위한 기동이 공중전의 주를 이루었다. 그러다가 1915년 프랑스의 롤랑가 로스가 프로펠러에 장갑판을 부착, 기총탄알에 의한 손상을 피하는 방법을 사용하여 기총의 전방발사를 시작함으로써 항공기 후미를 물기 위한 전투기동이 시작되었으며 그는 이러한 전방발사 기총을 사용하여 일약 에이스가 되었다.

그러나 불행하게도 그는 독일군 지역에 불시착하여 에이스가 될 수 있었던 그의 비결을 독일 측에 넘겨주게 되었는데, 독일인들은 그들 특유의 기계공학적 수완을 발휘하여 기어(Gear)를 이용한 프로펠러 회전동기식(Synchronized) 전방발사 기총을 개발하게 되었다. 즉, 사수가 방아쇠를 당기고 있으면 프로펠러가 앞을 가로막지 않을 때만 발사가 가능하도록 동기화시킨 것이다.

이로써 본격적인 공중전의 역사가 전개되게 되었으며, 우리 귀에 익숙한 임멜만, 멕유덴발, 리치토펜(붉은 남작) 등의 에이스들을 탄생시키기에 이르렀다. 이러한 공대공 공격무기로서의 기관포는 또한 공대지 무기로서도 그 진가를 훌륭히 발휘하고 있다.

[그림 3-1] 후방공격이 가능토록 장착된 기관총

[그림 3-2] 최초 항공기에 장착된 기관총

항공기 탑재총포는 지상의 노출된 보병병력이나 장갑차(APC : Amoured Personnel Carrier), 차량 및 기동성이 있는 레이더 장비 등 비교적 표면이 견고하지 않은 경질표면으로 된 표적을 목표로 하여 헬리콥터, 근접지원 항공기에 탑재 운용되고 있다. 특히 요즈음은 기관포의 구경을 30~40mm급 이상으로 대형화하여 목표물에 대한 파괴력을 증가시켜 장갑차량, 탱크 등의 폭파도 가능하게 되었다.

항공기 탑재 기관포는 본질적으로 두 가지 용도로 운용되고 있다. 하나는 공중전투에 있어서 곡예비행 시와 같은 어떠한 상황하에서도 적응사격이 가능해야 하는데, 특히 단거리 교전에 사용된다. 다른 하나는 대지상공격에 있어서 집결부대 또는 장갑차량 등 각종 지상목표에 대한 사격에 사용된다.

탑재 방식도 기관포 자체만 탑재하거나 일부 헬리콥터에서는 헬리콥터의 기동성을 높이기 위해 터렛식으로 탑재하기도 한다. 최근에 와서는 헬리콥터에도 공대공 전투임무가 추가되어 고속발사 기관포의 장착이 필수화되고 있다. 항공기 탑재 기관포의 구경은 20~40mm급이 주가 되고 있으며, 5.56mm, 7.64mm, 12.7mm 구경도 일부 운용되고 있다.

□ 고정익기 탑재 기관포

고정익기 탑재 기관포는 외부구동에 의존하는 회전다포신식(Multi-Barrelled Type 또는 Gatling Type)과 내부구동에 의존하는 회전약실식(Drum Type)의 두 가지 방식이 주종을 이루며 운용되고 있다.

회전다포신식 기관포는 다포신 뭉치가 외부의 구동력에 의해 구동되는 데 비해 회전약실식 기관포는 단열 포신으로 외부구동력을 갖지 않고 자체의 가스압력 등을 구동력으로 하여 작동된다.

현재 대표적으로 운용되고 있는 고정익기 탑재 기관포를 살펴보면, 회전다포신식은 구경 20mm와 30mm가 주 구경으로 되어 있는데 구경 20mm의 대표적인 모델은 발사속도 6,000발/분인 발칸 M61A1으로서 미국 전투기의 대부분(F-4, F-15/16, F-18)이 기관포를 사용하고 있으며, 구경 30mm로는 대 지상공격기인 A-10 항공기에 사용되고 있는 분당 발사속도 4,200발인 GAU-8/A가 있다.

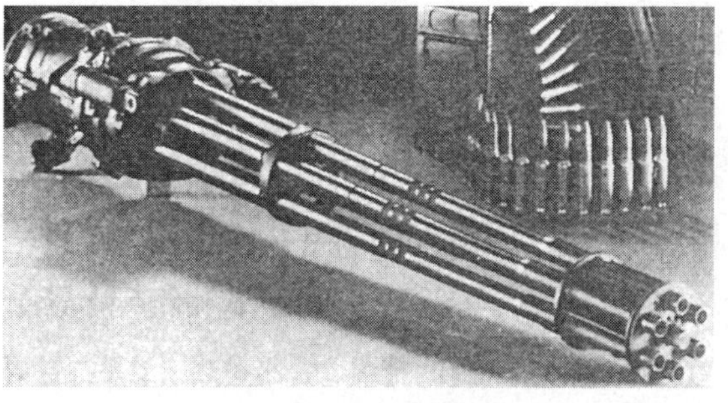

(a) 20mm M61A1

(b) GAU-8/A 30mm Gun

[그림 3-3] 고정익기 탑재 기관포

회전약실식은 특히 유럽 각국의 항공기에 탑재되고 있는데 모델명 M39/BK27/DEFA/ADEN/KCA 등이 있으며 각각 구경 20mm/27mm/30mm/30mm로서 발사속도는 분당 1,500/1,700/1,300/1,200/1,350발이며, 주로 F-5/토네이도, 미라주/해상 해리어/SAAB JA37 항공기에 탑재 운용한다.

현대화된 회전다포신식 기관포(Gatling Guns)의 개발 역사를 살펴보면, 1959년의 20mm M-61을 시작으로 1964년의 7.62mm M-134/GAU-2B, 1969년의 20mm M-197, 1970년의 5.56mm XM-214, 1975년의 30mm GAU-8/A, 1982년의 30mm GAU-13/A, 1986년의 25mm GAU-12/U, 1992년의 12.7mm GAU-19/A 그리고 1996년에는 20mm XM-301 새로운 기술의 코만치 개틀링 기관총(Comanche Gatling Gun)이 출현하게 되었다.

일반적으로 회전약실식이 회전다포신식보다 뒤떨어지는 면이 있으나, 소형으로 경량이고 외부구동력을 필요로 하지 않는 이점이 있기 때문에 아직도 항공기에 많이 사용되고 있다. 한편 외부구동식이 자기구동식에 비해 상대적으로 갖는 장점은 기관포의 기능이 사용탄종과는 완전히 독립적이라는 데 있다.

□ 회전익기 탑재 기관포

적 헬리콥터에 의한 위협증대는 결국 아측 공격용 헬리콥터의 본래 임무인 지상지원/공격임무를 일부 전환해서라도 생존력을 향상시키는 필요성이 요구되었다.

특히, 헬리콥터 탑재 기관포에서는 선회 및 고저운동을 극대화시킬 수 있도록 포탑을 설계하고 있으며, 고속발사와 정확도 간에는 기관포들 스스로 최선의 절충점을 찾아내고 있다. 따라서 이러한 목적을 달성하기 위해서 두 가지 형태의 기관포가 고려되어 왔다.

먼저 미국에서는 아파치(Apache)를 제외한 모든 헬리콥터에는 개틀링(Gatling) 박사가 19세기에 발명한 회전다포신식의 개틀링 기관포(Gatling Gun : 2~7연장)를 탑재하고 있으며, 유럽에서는 회전하는 약실(Drum)을 갖는 다연장기관포를 주로 사용하고 있다.

이들이 갖고 있는 장단점은 회전다포신식은 고속발사를 얻을 수 있으나 연속사격 초기에 엄청난 관성을 가지고 있으며 다연장포신에 비해 정확도에서 떨어지고 있다.

구경에서도 20mm 및 30mm 개틀링이 가장 적합한 것으로 알려져 있는데, 중간 구경인 25mm의 경우에는 이 구경 자체가 장갑차 탑재 및 대공포용으로 널리 쓰이고 있음에도 불구하고 개틀링 기관포로는 그다지 인기가 없는 편이다.

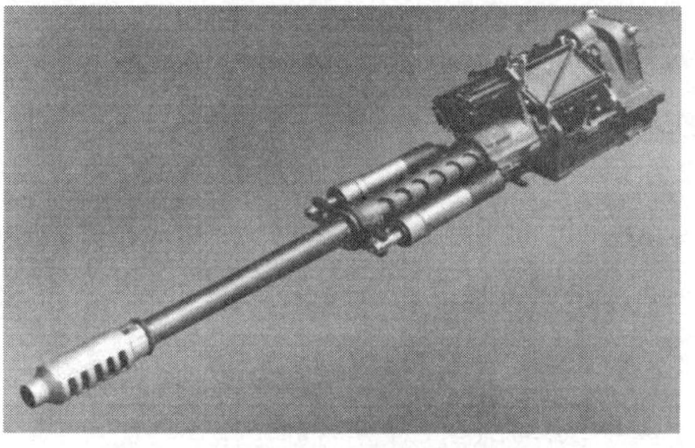

(a) 30mm M230 체인 건

(b) LYNX 헬기 측면에 장착된 20mm 기관포

[그림 3-4] 회전익기 탑재 기관포

현재 대표적으로 운용되고 있는 회전익기 탑재 기관포를 살펴보면, 미국의 공격용 헬리콥터인 아파치(AH-64H)에 사용된 30mm M230 체인건(Chain Gun), 슈퍼 코브라(Super Cobra)에 사용된 20mm M197 개틀링 기관포, 그리고 정찰용 헬리콥터인 코만치(Comanche)에 사용된 벌칸 II 20mm 개틀링 기관포, 러시아의 공격용 헬리콥터인 하보크(Havoc)의 30mm 2A 42 기관포, 프랑스의 공격용 헬리콥터인 게포(Gerfaut)의 모델 781 30mm 기관포, 남아프리카 공화국의 공격용 헬리콥터인 루이발크(Rooivalk)의 20mm GA-1 기관포 등이 있다.

항공기 탑재 기관포의 발전추세는 탑재장소에 따라 고정익기와 회전익기로 분류되어 탑재되고, 다시 탑재 방식에 따라 기관포 자체와 건포드(Gun Pod) 형태로 분류할 수 있다. 현재 개발되어 운용되고 있거나 개발 중인 항공기 탑재 기관포로는 고정익기에는 20～30mm 구경이 주종을 이루고 있으며, 헬리콥터에는 7.62～12.7mm 구경이 주종을 이루었으나 최근에는 전투 헬리콥터에 공대공 전투임무가 추가되면서 20～30mm 구경으로 전환되어 가고 있다.

(2) 국가별 운용현황

□ 미 국

미국에서 주로 개발, 사용되고 있는 항공기용 총포를 구경별로 구분하면 5.56mm, 7.62mm, 20mm, 30mm 기관포로 구분되는데 대부분 다중총열이며, 개틀링식 작동원리를 채택하여 높은 발사속도를 얻고 있다.

제2차 세계대전 전후에는 단열 총열의 기관총인 7.62mm 기관총, 칼50 및 20mm M39PA213 기관포 등을 사용하였으나 개틀링식 작동원리로 구동되는 기관포가 개발됨에 따라서 발사속도가 높고 신뢰성이 우수하며 총구속도가 빠른 항공기 탑재 기관포로 개틀링식 다중총열 기관포를 계속 사용하였다.

◆ 고정익기

개틀링식 작동원리를 적용한 기관포로서 가장 성공적으로 사용되고 있는 기관포는 록히드마틴사가 개발한 M61A1 20mm 발칸포이다. 이 기관포는 미 공군의 항공기 탑재 기본화기로 선정되었을 뿐만 아니라 서방 여러 나라에서도 사용되고 있으며 F-14, 15, 16, F-4, F-111, F-100, F-105, A-4D, A-7, AC-130H 등 각종 고정익 항공기에 널리 탑재되고 있다.

또한 M61A1 20mm 발칸포와 형상, 성능, 작동원리가 동일하면서 6개의 총열 중 4개의 총열에서 발사 시의 추진가스 일부를 사용하여 자체 구동력을 얻을 수 있도록 개발된 GAU-4A 20mm 발칸포가 있는데, 이 GAU-4A 20mm 발칸포는 SUU-23/A 기총 포드를 사용하여 항공기 외부에 탑재되며, 비행속도에 관계없이 발사가 가능하다.

◆ 회전익기

UH-1B/M 헬리콥터의 M5 무장시스템(M75 40mm 유탄발사기 1정), UH-1B/C 헬리콥터의 M16 무장시스템(7.62mm M60 기관총 1정과 2.75inch 로켓발사기 M158), CH-47C/D 헬리콥터의 M41 무장시스템(7.62mm M60D 기관총 1정), AH-1G Cobra 헬리콥터의 M28A1 무장시스템(7.62mm M134와 40mm 유탄발사기 M129), HH-53, UH-1N/IH, AT-38 등에서, 육군의 AH-1G, UH-1B/ID, OH-58, OH-6 등에서 운용 중에 있다. 또한 AH-64A 아파치에는 분당 발사속도가 625발인 M230을 탑재하고 있다.

최근에 개발된 화기로는 12.7mm 구경의 GECAL 50 Gun으로 6연장과 3연장의 두 가지 형을 개발하였다.

□ 러시아

◆ 고정익기

러시아 항공기 탑재용 기관포의 개발역사를 살펴보면, 1940년대 말 회전약실식 기관포가 개발되었으나 1950년대 초반까지는 실전에 배치되지 않았다. 1970년대 초반까지는 항공기 탑재 기관포(Guns/Cannons)는 고전적 형태의 반동식/가스작용식 형태가 사용되었다. 대표적인 것으로 누들만(Nudelman)과 리히테르(Rikhter)가 공동개발한 누들만-리히테르 23mm(NR-23), 30mm(NR-30) 또는 누들만 37mm(N-37) 등이 있다. 1970년대 중반에 들어서야 비로소 23mm 6연장 개틀링 기관포가 미그-27 '플로거'에 탑재되기 시작하였으며, Mi-21 '하인드' 헬리콥터에 4연장 12.7mm 개틀링 기관총이 터렛형으로 탑재되었다. 이것은 미국의 개틀링 기관총에 설계기본을 두고 있었다. 러시아가 순수하게 자체설계한 기관포는 23mm 2연장 GSh-23L이었는데, 미그-21에 탑재하였다.

러시아 회전약실식 기관포로서 최초의 제품은 러시아 해군의 AK-230 포탑에 사용된 30mm 기관포였지만, 항공기 탑재로는 다연장 30mm GSh-301이 그 효시다. 이 기관포는 설계자 그리야제프(Gryazev)와 시푸노프(Shipunov)의 이름을 따서 GSh라는 모델명으로 명명하였다. 현재 MiG-29 및 Su-27 항공기에 각각 1문씩 장착되어 있다.

Su-25 '프로그풋(Frogfoot)'에는 2연장 30mm 기관포가 전방 동체 하부 좌측에 장착되었다. 이것은 AO-17 쌍열 기관포(Twin Cannon)로 기존의 러시아 30mm 탄약보다 더 강력한 특수탄약을 사용한다. 한편 6연장 30mm 개틀링 기관포 GSh-6-30은 MiG-27D 항공기 하부의 동체에 장착되었다.

◆ **회전익기**

러시아 헬리콥터 탑재 기관포는 구경에 있어서 그 종류가 다양하지는 않다. 그러나 12.7mm 구경을 이용한 다양한 형태의 UB(the Universal Beresin)가 생산되어 왔다. 12.7mm UBK 기관총은 MiG-15UTI 훈련기에, 그리고 Mi-6 'Hook' Mi-8 'Hip, Mi-17, Hip-M'와 Mi-21 헬리콥터에 탑재되었다.

최근에는 지상용으로 개발된 30mm 2A42 기관포를 하보크(Havoc) 전투헬리콥터에 탑재하고 있다. 이 기관포는 카모프(Kamov) Ka-50 '호쿰(Hokum)' 공격용 헬리콥터에 장착되어 있으며 Mi-28 공격용 헬리콥터와 Mi-40 보병 전투헬리콥터에는 NPPU-280 건 터렛 형태로 탑재되어 있다.

(3) 향후 발전전망

항공기탑재용 기관포는 항공기의 임무 및 운용개념에 맞추어 다양하게 개발 사용되고 있다.

현재 각국에서는 차세대 중구경급 기관포에 대한 폭넓은 연구를 추진중이다. 이는 주로 경장갑차 및 중장갑차에 적용할 차세대 기관포로서의 임무를 부여하기 위해 45mm 구경의 탄약을 이용한 기관포를 목표로 연구 및 시험을 수행하고 있으며, 항공기 탑재 기관포에 적용하려는 시도도 병행하고 있는데, 사각형상을 가지는 0.5in 화기/탄약체계의 탐색개발과 이와 관련된 가능성 타진 연구들이 순조롭게 진행되고 있다. 즉, 새로운 개념의 기관포에 의한 발사속도 증대, 헬리콥터 포탑의 스텔스(Stealth) 특성 부여 등이다.

장차 이러한 연구 및 개발과정에서의 모든 결과들은 모든 구경의 항공기 탑재 기관포의 차세대에 직접 적용될 것이다. 또한 헬리콥터에서는 헬리콥터 구조물에 포탑(Servo Controlled Turret) 및 기관포 시스템을 최적으로 결합시킴으로써 뛰어난 대지상 공격/지원업무 수행은 물론 장차 공중전 위협에 최적으로 대처하게 될 것이다.

2. 폭 탄

(1) 개 요

20세기 초 항공기가 출현함으로써 전쟁은 새로운 양상으로 접어들게 되었다. 즉, 항공기로 엄청난 양의 폭탄을 적의 후방 깊숙이 운반하여 투하함으로써 적의 산업시설, 군수공장, 교량, 도로를 파괴할 수 있었으며, 그 파괴효과는 종래 사용된 무기, 즉 소화기, 기관총, 야포 등은 비교될 수 없는 엄청난 것으로서 적의 전력을 최대한 약화시킬 수 있었다. 또한 항공기에 의해 투하된 폭탄은 전·후방을 강타하여 전선과 후방의 개념을 달리하도록 하였고, 총력전의 개념을 낳게 하였다.

[그림 3-5] F-111에 장착되는 폭탄 전시

항공기에서 투하되는 폭탄은 전술목적, 장약(Charge)의 종류, 목표물의 종류 및 투하 방식에 따라 그 종류를 달리하고 있으며 현재 200여 종이 개발되어 운용되고 있다. 특히 제2차 세계대전 이후 전자광학(Electro-optics) 기술의 급속한 발전은 근접신관의 개발을 야기했고, 투하폭탄의 유도를 가능케 하였다. 그리고 각국은 변화하는 무게체계와 전술교리에 부합되는 새로운 폭탄의 개발에 많은 자금과 인원을 동원하고 있다.

그러한 결과로서 현재 GBU-10/24와 같은 레이저 유도폭탄, GBU-15와 같은 TV 유도폭탄이 널리 사용되고 있으며, 현재 JDAM(Joint Direct Attack Munition), JSOW(Joint Stand-Off Weapon), APACHE 등과 같이 완전한 투하 후 망각(Launch And Forget) 체계로 스스로 목표물을 찾아가도록 자율유도(Autonomous Guidance)되면서도 정확도가 대단히 높고 운용거리도 수십km 이상, 또는 백 수십km인 최첨단의 폭탄체계가 등장하고 있다.

제2차 세계대전 후 등장한 핵병기나 로켓, 특히 미사일의 출현으로 일시나마 폭탄의 효과에 대한 이의가 있었으나 핵병기 사용에 있어서의 여러 가지 제한, 유도무기의 무기로서의 이해득실이 명백해짐에 따라 폭탄은 재인식되고 각국에서는 재래식 폭탄의 개량 및 성능향상을 위한 개발이 활발히 진행되고 있다.

다른 병기나 무기체계와 같이 폭탄은 근래에 와서 큰 발전을 하였다. 특히 전자전의 혁신적인 발달로 인해 폭탄의 성능효과는 증가되었고 그 적용성도 훨씬 다양화되었다. 핵병기 사용제한에 의한 폭탄의 적용교리가 광역화되었고 전략, 전술 교리의 시대적 변경에 의해 더 많은 역할을 하게 되었다.

(2) 신 관

신관은 각종 폭탄에 내장되어 투하되며 폭탄의 운송, 취급, 투하 시의 안전을 보장하고 전술목적에 따라 폭탄의 폭발형태를 변경시킴으로써 파괴효과를 극대화시키기 위한 주요 부품이다. 신관은 투하 후 일정시간이 경과되어야만 장전되며 목표물에 충돌 시 또는 목표물 근처를 지날 때 폭탄을 폭발시키는 기능을 하도록 설계되어 있다.

□ 신관의 구성 및 작동특성

탄약은 사용목적에 따라 형상, 크기 및 무게가 다양하므로 여기에 사용되는 신관도 외형, 크기 및 구성 면에서 종류가 다양하다. 수류탄용 신관과 같이 단일구성품으로 된 신관이 있는가 하면 구성품들이 탄약의 내부 및 외부 등 여러 곳에 위치하면서 상호 연결되어 신관의 기능을 수행하는 신관체계가 있다.

전원, 기폭도관, 기폭약, 시한장치, 안전장전장치, 감지장치, 연결선 및 제어장치 등은 개별적으로 개발되어 납품 및 조립되지만 넓은 의미에서 신관체계의 한 구성품으로 볼 수 있다.

일반용 폭탄(GP Bomb : General Purpose Bomb)의 구성은 탄두신관, 탄미신관, 장전 와이어, 장전풍차, 안전 클리프가 신관작동계통의 주요한 요소이다.

폭탄이 항공기로부터 투하되면 항공기에 연결되어 있는 장전 와이어가 양끝에 달려 있던 장전풍차로부터 이탈된다. 장전 와이어에 의해 고정되어 있다가 풀린 장전풍차는 폭탄 주위의 공기흐름에 의해 회전하게 되고 장전풍차의 회전운동은 치차열(齒次列)에 의해 직선운동으로 바뀌어 신관을 장전시키게 된다. 만약 폭탄을 폭발시키지 않고 투하시키려 할 때는, 즉 폐기하고자 할 때는 조종사는 장전 와이어가 폭탄에 결합된 채로 낙하하도록 하면 되는데 이때는 장전풍차가 해제되지 않으므로 신관의 장전이 이루어지지 않아 폭탄은 폭발하지 않는다.

□ 신관의 종류

공격목표, 사용목적에 따라 폭탄의 종류가 다르듯이 이에 사용되는 신관도 폭탄의 종류 및 공격표적의 종류에 따라 각기 다른 형태가 사용된다.

탄종별로는 야포탄용 신관, 박격포탄용, 전차포병탄용, 유도탄용, 무유도 로켓탄용, 어뢰 및 기뢰용, 수류탄 및 지뢰용, 그리고 폭탄용 신관 등이 있고 작동기능상으로는 충격신관, 시한신관, 근접신관 등이 있다.

(3) 폭탄의 종류

□ 일반목적 폭탄

일반목적 폭탄은 항공폭탄의 주종을 이루고 있으며, 적의 산업시설, 도로, 교량, 활주로, 군방호시설 등의 공격에 광범위 하게 사용되는 폭탄이다. 일반용 폭탄은 무게에 따라 100lb급, 250lb, 500lb, 1,000lb, 2,000lb급 등 여러 종류가 있는데 폭발장약의 중량은 일반적으로 폭탄 전체 무게의 약 50%를 차지한다.

폭탄은 항공기 날개 밑의 무장장착대(Pylon) 또는 기내의 폭탄실에 탑재되며, 투하 시에는 자유낙하하거나 추진장약에 의해 직하방향으로 추출되어 낙하되기도 한다. 이때 폭탄의 앞부분과 후미에 장착된 신관에 연결된 장전 와이어는 신관으로부터 이탈되고 폭탄 주위의 공기흐름에 따라 신관의 장전풍차가 회전하기 시작하는데, 일정 회전수만큼 회전하면 신관의 안전장치가 완전히 해제되어 신관이 장전됨으로써 목표지점 도달 시 폭발될 수 있는 준비가 완료되게 된다.

낙하되는 폭탄은 후미에 부착된 날개에 의해 안정이 유지되고 탄두부분을 밑으로 하여 낙하된다. 목표물에 충격되면 폭탄은 신관의 작용으로 폭발되어 강한 충격파와 파편을 발생하게 된다. 충격파와 파편은 기폭지점으로부터 360도 방향으로 초음속으로 운반된다. 목표물의 파괴효과는 주로 전파되는 충격파에 의해서 달성되며, 2차적으로 파편에 의해서 이루어진다.

□ 분산형 폭탄

일반폭탄은 견고한 목표물을 파괴하는 데는 효과적이지만 폭탄의 무게에 비해 피해범위가 넓지 못하여 넓은 지역에 산재되어 있는 병력, 차량, 보급소 등의 공격에는 비효과적이다. 분산형 폭탄의 파괴위력은 일반폭탄보다 못하지만 동일한 무게의 폭탄으로 보다 넓은 지역을 무력화시키는 의도에서 개발된 폭탄으로서 넓은 지역에 노출되어 있는 목표물에 사용된다.

각 자탄(子彈)의 산개면적은 목표물의 종류, 전술목적, 자탄의 성능 등에 따라 살포고도 및 주 신관의 작동고도 변경으로 조정 가능하다. 또한 살포된 각 자탄은 각자 다른 폭발지연 신관에 의해 간헐적으로 폭발되도록 조정하는 것도 가능하여 일정지역을 장시간 활용 못하게 할 수도 있다. 예를 들어 비행장에 폭발지연시간이 각자 다른 자탄들을 넓은 지역에 살포해 놓으면 언제 폭발이 있을지 예상할 수 없기 때문에 비행활동이 대단히 제한 받게 되는 것이다.

◆ CBU-87 분산형 폭탄(CEM : Combinded Effects Munition)

1,000lb(453.6kg)급의 지상임무 지원용 분산형 폭탄으로서 장갑차량, 지상건물 파괴 및 소이, 인마살상용 폭탄으로서 MK-20의 결점을 보완하기 위해 1982년에 개발 완료되었다.

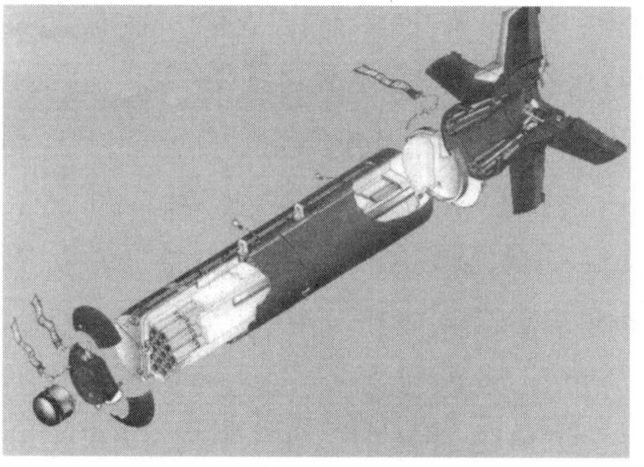

[그림 3-6] CBU-87 분산형 폭탄

<표 3-1> 주요 제원 및 성능

구 분	내 용
살 포 기	· 형 : SUU-97/B · 자탄수 : 202(BLU-97/B)
자 탄	· 파괴력 : 장갑 5inch, 철판 7.5inch
장착기종	· F-15,16,18, B-52, F-111 A-1C, 재규어, 토네이도

◆ CBU-98 비행장 공격용 폭탄(DAACM : Direct Airfield Attack Ombined Munition Weapon)

740lb(340kg)급으로 자탄 BLU-106/B(침투용)과 HB876(지뢰)을 내장한 비행장 공격용 폭탄이다.

<표 3-2> 주요 제원 및 성능

<table>
<tr><th colspan="2">구 분</th><th>내 용</th></tr>
<tr><td colspan="2">살 포 기</td><td>· 형 : SUU-64/B
· 자탄수 : 8(BLU-106/B), 24(HB876)</td></tr>
<tr><td rowspan="2">자탄</td><td>BLU-106/B</td><td>· 침투용으로 낙하산 산개 후 지연장치 이용</td></tr>
<tr><td>HB 876</td><td>· 지뢰용</td></tr>
<tr><td colspan="2">장착기종</td><td>· F-4, F-15/16, F-111</td></tr>
</table>

[그림 3-7] BL-755 자탄

◆ BL-755

580lb(255kg)급으로 산탄총의 원리를 적용시킨 확산탄으로서 항만시설, 방송센터, 산업시설, 미사일 기지, 대 장갑차량을 공격할 수도 있는 저고도, 고속공격이 가능한 폭탄이다.

<표 3-3> 주요 제원 및 성능

구 분	내 용
BL-755 살 포 기	· 자탄수 : 147 · 특징 : 저고도에서 고속 수평공격(고도 : 100ft, 속도 : 625kts), 적정고도/속도 : 200ft/500kts
장착기종	· F-4, F-5, 재규어, 해리어, 헌터, 미라주, 토네이도

□ **활주로 파괴 폭탄**

이 폭탄의 전술목적은 대공방어무기체계가 밀집된 공군기지 내 활주로의 철저한 파괴, 이로 인한 장기간의 활주로 무용화, 연이은 제공권의 장악에 있다.

[그림 3-8] JP233 활주로 파괴자탄 투하장면

1986년도에 중동의 6일 전쟁에서 이 폭탄이 이스라엘 공군에 의해 처음으로 사용되었고, 그 후 많은 발전을 거듭하고 있다. 적의 대공방어무기체계에 대해 항공기의 생존성을 확보하기 위해서는 저고도 기습폭격이 불가피하므로 이들은 다른 폭탄에 비해 상당히 다른 구조를 갖고 있다.

이 폭탄은 듀란달(Durandal), BAP-100, BLU-106/B처럼 탄두의 운동에너지로 활주로에 침투된 후 폭발하여 활주로를 파괴하는 형태와 JP233의 SG357 자탄처럼 탄두가 직렬로 구성되어 먼저 탄두 앞쪽에 있는 성형작약으로 활주로를 뚫고 뒤이어 탄두 뒤쪽에 있는 파괴자탄이 그 구멍을 통해 활주로 밑에 침투한 후 폭발하여 활주로를 파괴하는 형태로 대별된다.

□ 철갑/반철갑 관통 폭탄

철갑관통 폭탄은 일반용 폭탄과 비슷한 구조를 갖고 있다. 다만 목표물 침투 중 폭탄의 파손을 방지하기 위해 일반용 폭탄과 달리 두꺼운 금속재질로 된 표피가 폭발장약을 둘러싸고 있다. 특히 탄두부분은 두

껍고 강인하며 예리하게 제작되어 있어 철갑관통을 용이하게 하고 있다. 상자형 날개가 폭탄몸체 후미에 장착되며 신관은 상자형 날개 안쪽에 내장되어 지연작동(0.5~1.0초 지연)하는데, 이는 목표물을 침투하여 내부에서 폭발하게 함으로써 그 폭발효과를 증대시키기 위함이다. 이 폭탄은 두꺼운 표피로 인하여 폭탄 장약이 대체적으로 폭탄 전체무게의 13%에 불과하다.

미국의 대표적인 2,000lb급 철갑관통 폭탄인 BLU-109/B(I -2000)는 동급의 일반용 폭탄인 MK-84를 개량한 폭탄으로서 외면을 유선형으로 바꾸고, 탄두부분을 강하게 보강하였으며 표피는 두꺼운 금속재료를 사용하였다. 이러한 폭탄은 적의 지하격납고, 잠수함 계류용 지하시설, 참호, 활주로 등 견고한 대형목표 파괴에 사용된다.

반철갑관통 폭탄(SAP Bomb)은 일반용 폭탄과 철갑관통 폭탄의 중간적 역할을 한다. 작전요구에 따라 일반용 및 철갑관통 폭탄으로 융통성 있게 사용 가능한데 이 폭탄은 철갑관통 폭탄과 유사한 구조를 갖고 있으나 탄두부분은 탄두신관을 필요에 따라 삽입할 수 있도록 탄두마개가 장착되어 있다.

□ 세열폭탄

세열폭탄은 폭발 시 폭발력에 의해 분산되는 파편(파편속도 : 초당 1,980~3,300m)에 의해 목표물을 파괴하기 위한 것으로, 지상의 병력, 장비, 항공기에 탁월한 효과가 있다. 세열폭탄에 사용되는 파편은 예비성형 파편과 폭발성형 파편으로 대별된다.

예비성형 파편 또는 폭발성형 파편의 형체는 구체, 정사면체, 직사면체, 봉, 선, 바늘 형상 등이며, 무게는 0.4~14.2g이다. 예비성형 파편은 폭발장약 주위의 파편통에 적당한 방향으로 장착된다.

폭발하기 전까지는 폭발성형 파편은 폭발장약을 둘러싸고 있는 폭탄 케이스에 불과하다. 폭탄 케이스는 폭발할 때 요구된 형체의 파편이 발생할 수 있도록 금이 그려져 있거나 홈이 파여져 있다.

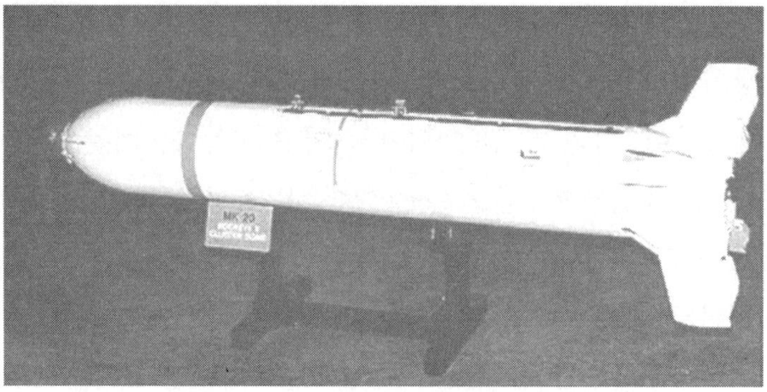

[그림 3-9] Mk-20 분산형 세열폭탄

또 다른 형태의 분산형 세열폭탄(Cluster Fragmentation Bomb)이 있는데, 이 폭탄은 일정 수의 세열자탄을 어댑터에 적재한 다음 투하된다. 투하된 어댑터는 목표물 상공 일정고도에서 시한신관과 근접신관의 작동으로 표피가 전개되고 세열자탄이 살포되어 낙하된다. 각 세열자탄들은 넓은 지역에 살포되면서 각자 장진되고 목표물에 충격 시 순발신관 또는 지연신관에 의해 간헐적으로 폭발하게 되는데, 이때의 각 세열자탄의 파편에 의해 목표물에 손상을 입히고자 한 것이다.

□ 화학폭탄

화학폭탄은 가스폭탄, 연막폭탄, 소이폭탄 등 3종이 있다. 네이팜탄, 화염폭탄 등은 소이폭탄의 종류에 해당된다.

흔히 비인도적인 무기로 논란의 대상이 되고 있는 가스폭탄은 정제된 겨자 독가스, 포스겐 독가스, 청소(靑素) 염화가스, 시안화수소산 등을 충전제로 사용하며, 연막폭탄의 충전제로서는 백린이 있고, 소이폭탄의 충전제로서는 PTI, IM, NP 등이 있다.

PTI은 마그네슘 분말, 산화마그네슘, 탄소, 석유증류액, 아스팔트 등의 혼합체이며 IM(Isobutyl Methacrylate)은 88.75%의 휘발유, 5%의 이소부틸 메타크릴, 3%의 스테아르산, 2%의 산화칼슘, 1.25%의 물로 구성되어 있다.

네이팜은 88.5%의 휘발유와 11.5%의 네이팜 농축제로 구성되어 있다.

가스폭탄은 충격 시 신관의 기폭에 연이은 폭약관 내의 작약의 폭발로 깨어지고 충전물을 분무한다. 연막폭탄은 폭탄의 충격 시 신관의 기폭에 연이은 폭약관 내의 작약의 폭발로 폭탄이 깨어진 후 충전물은 외기의 산소에 의해 연소되고 연막을 발생하며 표적주위를 30m 내지 50m의 반경으로 둘러싸게 된다.

가스폭탄의 종류는 52kg급, 225kg, 435kg급이 있으며, 연막폭탄의 종류는 45kg급이 있다. 또한 소이폭탄은 45kg급, 225kg급이 있으며 유사한 화염폭탄은 225kg급, 340kg, 450kg급이 있다.

□ 유도폭탄

유도폭탄은 기존 항공기용 일반폭탄에 TV, 적외선 레이저 등의 감지기 및 유도키트를 부착하여 폭격의 정밀도를 향상시킨 폭탄이다. 폭탄의 두부에 탐색장치와 유도제어부가 부착되며 꼬리부분에 날개를 부착시키는데, 몇 개의 볼트만을 이용하여 다양한 목적용 폭탄에 쉽게 부착시킬 수 있다.

[그림 3-10] 전투기에서 GBU를 목표물을 향해 투하하는 장면

◆ 레이저 유도폭탄

레이저 유도폭탄의 경우에는 탐지기에 해당하는 검광부에서 원하는 레이저의 파장만 통과시키는 광 필터와 4개의 실리콘 검광부가 4분원(分圓)의 면에 놓여 있다. 4개의 검광기의 출력은 유도 컴퓨터에 들어가는데 여기서 신호처리, 즉 광신호를 전기적 신호로 바꾸고 이것을 다시 기계적 신호로 바꾸어 유도날개를 작동시킨다.

전자시스템을 작동시키기 위한 전력은 열전지에 의해 공급된다. 항공기로부터 폭탄이 이탈되면 자동적으로 열전지가 작동되는데, 이때 고온가스 발생기도 함께 작동되어 유도날개를 움직일 수 있게 한다. 후미의 날개는 고정되어 있으며 직접적인 유도날개 역할을 하지 않는다. 따라서 폭탄의 전방부분과 후미 사이에 별도의 제어용 연결선은 필요 없다.

이러한 레이저 유도폭탄의 종류는 미국의 경우 1960년대 후반부터 페이브 웨이(Pave Way) 시리즈를 개발하여 왔다. 발전과정을 보면 다음과 같다.

▸ 페이브 웨이 1(GBU-10A/B 계열) ◂

페이브 웨이 1은 1960년과 1970년 동남아에서 레이저의 유도효과가 입증되었다. 이는 레이저 유도는 폭탄투하 시스템의 허용오차, 탑승자 잘못, 폭탄을 표적에 유도하기까지 바람에 의한 변위를 보상해 주게 되었다. 현재는 훈련용으로만 사용되고 있다.

▸ 페이브 웨이 Ⅱ(GBU-10C/B, GBU-10G/B, GBU-10D/B, GBU-10H/B, GBU-E/B, GBU-10J/B) ◂

개선된 전자전 대응성, 접개식 꼬리를 갖춘 향상된 항공기 탑재성, 보다 용이한 정비를 위한 수명연장 및 플러그 연결식의 기관배선이 추가되었다.

▸ 페이브 웨이 Ⅲ(GBU-24A/B, GBU-24/B, 탄체 BLU-109) ◂

원거리, 저고도 투하능력, 확대된 투하구역과 바람 보상, 그리고 수많은 전술상황에 적용될 수 있도록 기능을 추가하였다. 또한 견고한 표적에 대해 정확한 충격각도 및 속도로 침투용 탄두를 효과적으로 유도할 수 있다. 실전사례를 보면 동남아시아 분쟁에서 25,000발을 사용하였고, 영국의 포클랜드전, 미 공군의 1986년 리비아전, 1991년 다국적군이 사막의 폭풍작전에서 사용하였는데 이것은 월남전에서 사용했던 것의 150%가 사용되었으며 LGB는 약 90%가 표적에 명중되었다.

▶ 페이브 웨이 Ⅳ ◀

이것은 선택된 표적을 찾아 자동적으로 발사되고 비행 전에 표적에 대한 자료를 탐지기 기억장치에 입력시켜 투하 후 자동으로 표적을 찾아가는 폭탄이다.

◆ GBU-15

페이브 웨이 시리즈의 대표적인 폭탄으로 알려지고 있다.

이 폭탄은 TV나 적외선 감지기를 이용한 유도폭탄으로 스텔스 폭격기 F-117의 주 무장인 고 위협지역의 고정목표물, 즉 교량, 터널, 비행장, 지휘본부, 지대공 미사일기지 등을 공격하기 위해 개발한 것이다. 이 폭탄은 탄두 900kg이 넘는 중형 폭탄으로서 목표물에 대해 정확하게 투하하면서 항공기의 생존성을 증대시킬 수 있는 장점이 있다.

GBU-15를 투하하는 항공기는 적 방공무기 유효사거리 내로 진입하지 않고 폭탄투하 후 곧바로 선회하여 이탈하며, 투하된 GBU-15는 항공기로부터 얻은 운동에너지를 이용하여 상승한 후 목표지역을 탐색한다. 이때 GBU-15의 탄두가 탐색하고 있는 목표지역의 화면은 자료전송장치를 통해 이탈하고 있는 항공기로 그대로 전달되며, 조종사는 조종석 내의 화면을 통해 목표물을 확인하고 지정해 줄 수 있어 정확한 공격이 가능하다.

- 탐지부 : TV탐지기, 적외선(IR) 탐지기 사용
- 유도조종부 : 모든 유도, 조종 및 데이터 통신(Data Link)을 위한 장비 내장
- 탄두부 : 2,000lb(907kg) 사용

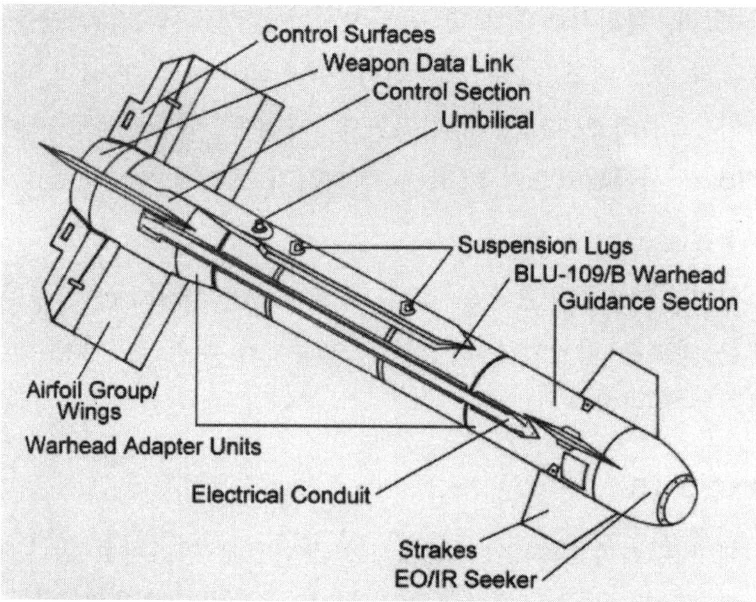

[그림 3-11] GBU-15의 주요 제원 및 구성

◆ **투하 수중폭탄(Aircraft Depth Bomb)**

이 폭탄은 수중목표물(잠수함, 잠수함 계류소)의 파괴에 사용된다. 폭탄의 앞부분은 물에 충격될 때 튀는 것을 방지하기 위해 평평하게 되어 있으며 얇은 벽으로 구성되어 있다. 폭발장약은 TNT 또는 HBX-1이며 폭탄 전체 중량의 70%를 차지한다. 폭발수심은 폭탄 후미에 장착된 수압신관의 조정에 의해 결정되며 항공기 탑재 전에 조정된다.

현재 158kg급 AN-MK54가 개발되어 있으며 반경 5m 내에 치명적인 효과를 가할 수 있으며 반경 15m까지 파괴를 기대할 수 있다.

◆ **연습용 폭탄**

조종사의 폭격연습, 항공기의 성능시험, 실제 폭탄의 특성 및 적용성을 시험하는 데 사용된다. 이 폭탄은 폭발장약 대신 물, 모래 등이 충전되며 무게는 필요에 다라 조정 가능하다. 연습용 폭탄도 모든 구조·제원은 시험대상이 되는 실제 폭탄과 동일하게 설계 제작된다.

◆ 낙하산 조명탄

조명탄은 야간전투 시에 전장의 관측정찰, 목표지역 조명 등에 사용된다. 모든 조명탄은 투하 후에 일정고도에 도달하면 연소가 시작되거나 투하항공기를 보호하기 위해 투하된 후 일정시간이 경과된 다음 연소가 시작되도록 되어 있다.

조명탄은 투하항공기의 종류, 전술목적, 작동방법 등에 따라 여러 종류가 있다. 투하 후 일정고도까지 자유낙하된 후에 연소를 시작하는 낙하산 조명탄(예 : MK-24 계열, MK45 계열), 목표물에 안착된 후에 장시간 연소하는 표적지시물 등이 있다.

◆ 적외선 섬광탄

적외선 섬광탄은 적의 전자전 활동을 방해하는 수단인 전자방어책(ECM)의 한 종류로서 항공기가 비행 중 방출하는 적외선보다 강렬한 적외선을 항공기 주위에 발생시킴으로써 기만표적을 만들어 적외선 열추적미사일을 기만 유도하는 것으로 일명 기만폭탄으로 불린다.

(4) 향후 발전추세

항공폭탄의 발전은 미국의 항공기 탑재용 투하폭탄의 개발과 양산이 세계를 압도하고 있으며, 현재 200여 종의 각종 투하폭탄을 보유하고 있고, 전술개념의 변화에 따른 새로운 형태의 투하폭탄을 개발 중에 있다.

오늘날의 항공폭탄은 1회 공격으로 목표를 무력화시키기 위한 중량화 및 정밀화, 공격항공기의 생존성 향상을 위한 원거리 공격 능력 보유와 목표에 따른 신관의 다양화 등의 경향을 보이고 있는데 향후 세계적인 발전추세는 다음과 같을 것으로 전망된다.

□ 중량화

방호능력의 발달과 산업기술의 발달로 적의 산업시설, 군사시설 등의 폭탄방호능력이 발달되어 종래의 소형 폭탄으로는 효과적으로 이들을 파괴할 수 없으므로 좀 더 강력한 폭탄의 개발이 요구되고 있고, 특히 항공기의 무장탑재 능력이 증대됨으로써 이러한 경향이 눈에 띄게 증가하고 있다.

□ 다종화

제2차 세계대전 후에는 근접신관을 개발하여 목표물의 종류, 투하방법, 전술목적에 따라 종류를 달리하여 현재 200여 종이 개발되어 사용되고 있다.

또한 파편의 효력을 증대시키기 위해 폭탄표피에 홈이나 글로브를 형성시키거나 구체, 육면체, 화살 모양의 예비성형 파편으로 폭탄표피를 제작하기도 하며 공기역학적인 형상과 구조로 최대의 효과를 나타내기도 하고 화약이론 발달에 따른 최대의 파편속도를 줄 수 있는 폭발장약의 개발 등이 추구되고 있다.

□ 유도무기화

종래의 폭탄은 비유도, 자유낙하하는 폭탄으로서 목표에 정확히 명중될 확률은 매우 적었다. 명중도를 향상시키기 위해 설계 개발된 폭탄이 바로 유도폭탄으로서 폭탄에 날개를 장착하고 공기역학적인 제어장치를 달아서 유도지령에 따라 목표에 접근시키고 있다.

유도지령은 레이저 유도와 TV 유도, 적외선 유도 등이 있으며 거의 모든 재래식 폭탄에 쉽게 유도키트를 부착하도록 되어 있어 제작 및 사용이 간편하다.

현재 미국은 페이브 계열인 Ⅰ, Ⅱ, Ⅲ, Ⅳ 등을 포함한 광범위한 유도폭탄을 지속적으로 개발하고 있다.

3. 로 켓

(1) 개 요

항공로켓체계의 특성은 간단하게 탄두를 선택함으로써 장갑, 벙커, 각종 구조물, 인명, 혼성 표적, 밀집부대 등에 대하여 공격, 기만형 대 전자전의 수행, 전장의 조명이나 은폐(연막) 및 표적표시 등 많은 임무에 다양하게 사용될 수 있다. 이러한 우수한 체계의 특성 외에도 운반수단의 다양화로 화력을 증대하고 무기체계의 경량화로 더 많은 무기를 탑재할 수 있어 기관포나 지상 박격포에 비해 단위 무기체계 무게당 파괴/살상 위력이 크다.

항공로켓체계는 항공기의 점표적 및 지역표적에 운용되므로 전술적 운용측면에서 다수표적의 제압 및 장애지역 표적 격파능력이 있어, 협동작전 시 화력지원 및 표적지원 역할을 할 수 있으며, 정면 교란작전 및 유도무기 보강 역할을 하여 집단표적 섬멸작전 수행이 용이한 장점이 있다. 따라서 수많은 항공유도무기의 급격한 발전에도 불구하고 항공발사 로켓은 유도무기가 비효과적이거나, 적용이 곤란한 지역인 점표적 공격 및 화력지원 요청 시 등, 비용 대 효과 측면에서 효율적이므로 항공무기의 주요한 무기체계로 활용되고 있는 것이다.

(2) 발달과정

추진로켓에 관한 최초의 문헌은 1040년경 저술되었다고 하는 중국의 '무경총요(武經總要)'를 들 수 있는데 여기에는 오늘날 흑색화약이라고 하는 초보적인 추진제의 제조법이 기록되어 있으며, 이것을 에너지원으로 해서 추진하는 대형의 화살을 사용하였다는 기록이 있다. 당시 흑색화약은 숯, 초석(硝石), 황 등을 혼합해서 만들었는데, 중국에서는 굵은 대나무 통에 이것을 채워 넣고 화살촉이 붙은 가느다란 대나무에 묶어 처음에는 활로, 후에는 목재발사대에서 발사하여 무기로 사용하였다. 이것을 화전(火箭)이라고 하였는데 중국은 1232년 성을 포위한 몽고군에게 화전을 사용해서 반격했다고 한다.

그로부터 150년 후에 중국의 화전제조기술이 인도와 아라비아를 거쳐 유럽에 전해졌는데, 16세기경에는 프랑스에서 '다양한 포격전에 관한 논문(Treatise Upon Several Kind Of War Fire Work)'이라는 기술서적이 발간되어 로켓이 포병무기로 이용되었다. 이탈리아에서는 이를 '쏘아올리는 불꽃'을 뜻하는 로케타(Rochetta)라고 불렀으며, 이것이 오늘날 '로켓(Rocket)'의 어원이 되었다.

현대식 로켓의 구상은 1869년 프랑스의 소설가 쥘 베른(Jules Verne)이 달나라 여행에 관한 소설에서 등장시킨 달나라 여행도구의 동력장치가 시초라고 볼 수 있는데, 신기하게도 그것은 100년 후에 등장한 아폴로 우주선과 거의 같은 원리를 적용하고 있었다.

19세기 초에 영국의 '월터 콩그리브(Walter Congreve)'가 비행체를 로켓 추진에 의해 약 3km를 비행시킴으로써 로켓의 실용화에 대한 가능성을 보인 후부터 로켓에 관한 과학자들의 관심이 집중되었다. 특히 주목되는 것은 1898년에 러시아의 K. E. 촐코프스키가 발표한 로켓에 의한 우주공간의 탐구라는 논문이었다.

이 논문에서 그는 액체추진제(액체산소, 액체수소)를 사용함으로써 엔진의 배기속도를 더욱 높일 수 있다는 것을 이론적으로 증명하고 우주공간으로의 비행 실현 가능성에 대한 연구결과를 상세히 설명하였다.

촐코프스키의 이론을 바탕으로 R. H. 고다드는 로켓을 제작하여 비행시킴으로써 로켓의 우주공간비행을 구체화시켰다. 즉, 그는 우선 고체추진제를 사용한 실험기를 제작하여 1916년 비행에 성공하였다. 또한 1차 세계대전 중 고나드는 미 육군의 재정지원을 받아 액체를 사용하는 추진제를 1923년 가을에 완성하였다.

고나드의 추진제는 액체산소 및 가솔린을 사용하고 펌프 동력으로 압력을 걸어 엔진에 보내는 형식으로 오늘날 사용하고 있는 것과 같은 방식이다.

[그림 3-12] 제2차 세계대전 당시 사용된 V-2 로켓

유럽에서는 1923년 독일의 헬만 오펠트가 대형 로켓에 관한 이론적 연구를 정리하여 '우주여행용 오레트'라는 제목의 책을 저술, 출판하여 우주여행의 가능성을 주장함으로써 로켓시대의 등장을 예측하였다. 오펠트의 저서는 유럽에서 큰 파문을 불러일으켰으며 우주로켓에 대한 열의가 고조되면서 오펠트를 중심으로 하는 우주여행협회가 결성되어 독일은 물론, 여러 나라의 과학자들이 로켓 연구에 열을 올렸다. 제2차 세계대전 말기에 대량 사용된 V-1, V-2 로켓을 개발한 폰 브라운도 그중의 한 사람이었다.

대형 로켓의 기초이론이 된 것은 제1차 대전에서 독일군이 파리폭격에 사용했던 포신 39m, 사정거리 120km의 대포(일명 '파리포')로서, 이 파리포는 하늘 높이 쏘아 올려 공기저항이 비교적 적은 고층대기권을 통과하게 함으로써 사정거리를 획기적으로 연장할 수 있었다. 이를 기초로 하여 로켓을 군사적으로 이용하기 위하여 구성된 독일 육군의 로켓 연구팀의 한 사람인 왈타 트룬벨카 대위는 오펠트 등이 연구한 달로켓에 깊은 관심을 갖고 1932년 10월 오펠트 문하의 젊고 유능한 연구가 브라운을 연구소로 초청하여 그를 중심으로 군사용 로켓의 개발에 힘썼다.

브라운 등 연구가들이 처음으로 손댄 것은 액체연료를 사용한 A-1 로켓이었다. 이 로켓은 베를린 교외에 있는 쿤멜스돌프의 시험장에서 지상시험을 실시하는 데 그치고, 1934년 A-2 발사시험이 실시되었는데, 중량은 150kg, 추력은 300kg, 연소시간은 겨우 16초였으나 고도 2천m까지 상승했다. 이어 개발된 A-3 로켓은 1937년 12월 발트 해상에서 발사실험이 실시되었는데, 중량은 A-2의 5배인 750kg, 추력은 1,350kg이었다. 후에 V-2로 명명된 A-4 로켓의 기초실험이 1938년에 완료되어 1942년 10월 3일 미사일의 효시가 된 V-2가 패네뮨테에서 발트해를 향해 발사되었다.

이날의 발사는 모든 면에서 성공적으로 진행되어 V-2는 고도 8만m에 도달했으며, 190km를 비행하는 기록을 수립하였다. V-2 로켓은 연료탱크에 연료를 만재했을 때의 중량은 1만2천5백kg, 사정거리 350km로서 제2차 세계대전이 한창인 1944년 9월 8일 영국 런던에 대한 공격에 처음 사용되었다.

V-2 로켓은 2차 대전 중 약 1천3백발이 발사되었으나, 정확도가 떨어져 목표지역인 런던에 명중된 것은 518발(40%)에 불과했다. 2차 대전이 끝나면서 V-2 로켓에 대한기술이 미 · 소에 이전(기술자 납치)되어 연구가 계속되었고, 그 결과 1950년대에 인공위성 발사, 1960년대에 달나라 착륙, 1980년대 이후 우주왕복선 등 인간의 우주정복을 위해 없어서는 안 될 주요 위치를 차지하게 되었으며, 군사적 이용가치도 증가하여 대륙간 탄도탄을 개발하는 기초가 되었다.

(3) 로켓의 일반원리

예부터 "움직이면 반동이 따른다"라는 말이 있다. 이것이 뉴턴(Isaac Newton)의 제3운동 법칙인 '작용과 반작용'의 원리이며, 이 법칙이 우주 공간을 비행할 수 있는 로켓의 기본원리가 되었다. 이러한 움직임의 크기를 좌우하는 가장 큰 요소는 가속도로서 이것의 크기는 연료 소모율에 직접 비례한다. 연료가 일정한 비율로 연소될 수 있다면 가속도는 연료가 소모됨에 따라 증가할 것이다. 그리고 배출가스의 속도가 커지면 커질수록 로켓의 속도는 더욱 커진다. 배출가스의 속도는 사용된 연료 연소실 압력과 로켓의 개방된 면으로부터 가스가 배출될 때의 조건 등에 의해서 좌우되는데 그중에서도 사용된 연료가 가장 중요하다. 일반적으로 액체연료가 높은 에너지를 내고 더 나은 성능을 보여주지만, 로켓 모터 설계의 복잡성과 그로 인한 가격 면에서의 단점을 보완하기 위해 고체연료를 많이 사용한다.

(4) 주요 구성품

□ 로켓 모터

로켓 모터는 단순히 장약이 연소되는 연소실을 위한 덮개, 추진체와 점화기, 그리고 노즐로 구성되어 있다. 덮개는 연소 중 발생되는 고온, 고압에 견딜 수 있도록 높은 강도를 지녀야 하고, 추진제는 신뢰성이 높고 취급이 간편한 고체 추진제가 많이 사용되고 있으며, 고체 추진제 로켓에 필수적인 점화기는 항상 전기적으로 작동된다. 노즐의 표준형은 드 라발 노즐(De Laval Nozzle)이라고 불리는 축소·확대 노즐인데, 이것은 열 및 압력 에너지를 운동에너지로 변환시키는 역할을 한다.

즉, 배출가스가 통과하는 입구의 면적을 감소시키는 노즐의 모양을 택함으로써 속도를 증가시켜 요구하는 운동에너지를 얻을 수 있도록 한 것이다. 이때 노즐을 통한 가스의 질량 유동률은 일정하고 가스가 노즐의 좁은 부분 혹은 목으로부터 빠져나오면서 가스는 팽창하여 저온, 저압이 되며 높은 속도에 달하게 된다. 노즐을 통해서 나오는 가스의 운동량 변화로 인하여 추력이 발생하고 이것이 로켓의 추진력을 제공하게 된다.

모터의 발전은 기존 MK40 모터를 MK66 모터로 개량하면서 추진제와 노즐 및 날개조립체가 개선되었다. MK66 모터는 MK40 모터보다 추진제의 양을 증가시키고 탄의 비행속도를 증가시켜 사거리를 증대하였으며, 연소 연기를 적게 함으로써 적군으로부터 발사위치의 탐지를 곤란하게 하였다. 또한 MK40 모터는 4개 공 노즐 및 접수직 안전판을 적용하고 있으나, MK66 모터는 탄의 정확도 향상을 위하여 단일구멍의 골파임 노즐(Single Fluted Nozzle) 및 WAF(Wrap Around Fin)을 채택하므로 로켓의 선회속도를 증대시켜 탄도의 재현성을 갖게 하였다.

□ 로켓 탄두(Warheads)

로켓은 종말유도자탄(Terminally Guided Sub-Munition)을 포함한 자폭탄(Sub-Munition)뿐만 아니라 150mm 이상의 핵탄두, 고폭탄, 조정된 파편탄 등 다양한 탄두를 운용할 수 있다. 로켓 탄약의 일반적인 특징은 동일한 모터에 각기 다른 종류, 다른 중량 및 다른 크기의 탄두를 적재할 수 있다는 점이다.

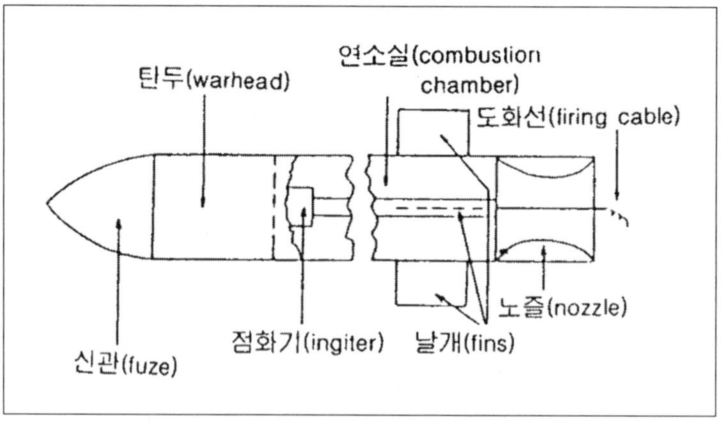

[그림 3-13] 로켓의 단면도

M261 MPSM 탄두의 위력분석은 기존 M151 고폭탄의 6배가 되는 것으로 보고되며 105mm 곡사포용 고폭탄 6발에 해당되는 살상효과를 갖는다. 장갑관통력은 15cm 이상인 것으로 알려져 있다. 폭발 시 반지름 15m 이상의 지역에 걸쳐 폭풍 및 파편 효과를 준다.

□ 신관(Fuze)

신관은 보통 로켓의 탄두부분 안에 장착된다. 재래식 고성능 폭탄 탄두는 통상 충격신관으로 작동되도록 설계되며 자폭탄을 운반하는 로켓에는 시한신관을 사용한다. 현대적인 로켓에서는 전자식 신관을 많이 사용하는데, 특히 높은 사격률이 요구될 때 반응시간을 줄일 수 있다.

또한 로켓은 감응식 장갑파괴무기(SADARM : Sense And Destroy Armour)와 같은 종말유도자탄을 위한 운반체에 이상적으로 부합된다. 감응식 장갑파괴무기(SADARM)의 수많은 자폭탄은 다연장로켓 발사대로부터 1개의 로켓으로 발사되어 30km까지 운반된다.

목표지역에 도달하게 되면 자폭탄들이 방출되고, 각자 폭탄들은 낙하산에 의해 초당 9m 속도로 강하하게 되는데, 강하 시 각 자폭탄들은 초당 3~4회 회전하면서 부착된 감지기를 통해 해당지역 내의 목표물을 탐지하거나 목표를 공격하기 위한 정확한 시간을 계산한다. 이러한 다연장로켓에 의해 장거리에서 발사되는 감응식 장갑파괴무기(SADARM)와 같은 종말유도자탄은 대 포대사격과 대전차 임무와 같은 종심사격(Depth Fire)에 매우 효과적인 무기로 부각되고 있다.

하이드라 70 로켓체계는 여러 가지 신관이 있으나 M439 RC 신관, M433 지연신관이 대표적이다. 특히 M439 신관은 로켓의 비행시간을 기준하여 계산된 사거리에 해당되는 방전시간에 의해서 사거리까지 전기적 전하를 이송하는 저항 커패시티 지연회로를 가진 원격장입식 전자 시한신관이다. 그 주요 기능은 발사된 탄두가 미리 선정된 사거리까지 도달하면 탄저부 안의 방출장약을 점화시켜 자탄을 공중에 방출시켜 주는 것이다.

[그림 3-14] 각종 탄두 및 신관 종류

□ **발사대(Launchers)**

로켓 발사대는 항공기에 개개의 로켓탄을 장착, 운반 및 발사하는 데 필요한 일조의 발사대에 해당되는 장비이다. 대부분의 현대 로켓 발사대는 재사용토록 설계되어 있고 단발 혹은 다발용으로 운용목적에 맞게 제작되고 있다.

발사대는 크게 레일식 발사대와 고정식 발사대의 두 종류로 구분된다. 고정식 발사대는 각각의 로켓탄을 직접 항공기의 무장발사대에 장착하는 형태로서 레일식 발사대보다 가볍고 간편하기는 하나, 조준상의 문제점으로 인한 정확도 부족으로 널리 사용되지는 않고 있다.

레일식 발사대는 원통형(Tube Type) 및 순레일식(Rail Type)이 있으며 이중 다량의 로켓을 동시장착 가능하고, 외부 충격으로부터 방호가 잘 되어 있으며 발사기 로켓을 회전시킴으로써 양호한 탄도비행을 시킬 수 있는 등 여러 가지의 장점이 있는 원통형이 가장 많이 사용되고 있다.

미국의 휴즈사는 M260(7발), M261(19발)을 생산하여 코브라와 아파치 헬기에 탑재되도록 하였고, 기존 MK40 모터와 MK66 모터가 겸용으로 장전되어 사격 가능하도록 설계하였다. 또한 발사기를 경량화하여 항공기의 무장능력 증대 및 항속거리의 연장효과를 주었다. 항공기 무장 시 단발, 2발 또는 4발 동시 발사할 수 있도록 하였으며 발사간격은 60m/s이다.

현재 미 육군 AH-1S 개량 코브라 헬기의 사통장비인 M138 로켓 조정 시스템(RMS : Rocket Management System)은 M260, M261 발사기 외에도 M158A1, 200A1, BH-7B, BH-19B, LAU-131 등의 발사기에도 적용될 수 있다. RMS는 7연장이나 19연장 발사기에 장전된 로켓 수량과 탄종을 화면으로 보여주고 발사순서를 자동으로 처리하게 되어 있으며, 단발 및 연발의 사격 방식과 신관의 원격조정, 발사율 등을 선별하여 조종 발사할 수 있도록 하였다.

정확한 사격통제를 위해서 AH-1S 헬기의 무장 및 사격통제체계의 기능을 살펴보면 HUD와 FCC는 유기적 관계를 갖고 있으며, 입력자료를 위한 부수기재 등과의 연동으로 정확한 사격이 통제될 수 있다.

그러므로 향후 항공로켓체계는 사거리의 연장 및 정확도 향상으로 증대된 피격 안전거리 밖에서 항공기가 운용될 수 있도록 로켓뿐만 아니라 발사통제장치의 최신화로 더욱 발전되어 갈 전망이다.

(5) 운용현황

□ 미 국

미국은 하이드라 70 로켓체계를 미 육군 전투항공대의 AH-1급 코브라 헬기와 11개국 이상의 전투항공대에서 주 무장체계로 삼고 있다.

용도에 따라 M151(고폭), M257(조명), M264(연막), M267(연습), M255(화살), M261(다목적 자탄) 등 많은 탄종을 보유하고 있으며, 발사기는 해당 군별로 구분되어 육군은 M260(7발), M261(19발), 해군은 LAU-68E/A(7발), LAU-61D(19발), 공군은 LAU-130/A(19발), LAU-131/A(7발)를 보유하고 있다.

MK66 로켓은 사거리 증대와 정확도 향상을 위해 미 해군에 의해 개발되었다. 무게 6.2kg, 길이 1.06m이며, 연소시간 1.07초, 최대속도 740m/sec로서 M261 다목적 자군탄(MPSM) 탄두 사용 시 최대사거리 8.8km이다.

□ 캐나다

캐나다에서 개발된 CVR-7 로켓은 미국의 SR-105와 MK66 계열의 개념을 혼합하여 개발한 것으로 고속항공기에 사용되며 구경이 70mm이므로 미국의 생산 탄두와 호환성 있게 조립된다. 무게는 6.6kg, 길이 104.2cm, 연소시간 2.2sec, 최대속도 1,250m/s이다.

발사기는 소모성으로 LAU-5002A/A(6발)와 LAU-5003A/A(19발)가 있다.

□ 프랑스

아음속 초음속 항공기 및 헬기용 항공발사 로켓의 생산을 계속하였으며, 지금까지 350만 발 이상을 30개국의 공군에 판매하였고, 68mm와 100mm 로켓을 보유하고 있다. 68mm 로켓은 광범위한 탄종의 재래식 탄두(파편, 파열, 장갑관통)를 사용하며, 최근 개발된 다연장로켓은 각 탄두 내에 8개와 36개 화살형 관통자가 내장된다. 화살형 관통자는 두꺼운 장갑판인 표적 위로 산포되고 대공포를 장착한 경장갑차에 특별히 효과적이다. 전술적 운용은 전차중대를 지원하는 차량의 파괴개념에 기반을 둔 것이다. 기본 사거리는 약 2,000～3,000m이며, 분산범위는 1,400×좌우 40m로서 분산면적 약 50,000m^{2}의 지역을 제압할 수 있다.

100mm AMV탄(대장비/차량용)은 192개의 화살형 관통자가 내장되고 직경 9mm, 무게 35g으로서 8mm 강철판을 관통하며, ABL탄(대장갑용)은 36개의 화살형 관통자로 구성되고 직경 13.5mm, 무게 190g으로서 10mm 강철판을 관통한다.

또한 최신형인 AB-24탄은 6개의 화살형 관통자가 내장되며, 직경 9mm, 무게 1,650g으로서 80mm 강철판을 관통할 수 있다. 시간을 조종석에서 조정하며 정해진 비행시간에 신관작동으로 다트(Dart)가 방출된다. 12발과 22발 탑재 발사기가 있으며, 대부분의 NATO 국가가 보유한 항공기에 장착이 가능하다.

□ **러시아**

러시아는 57mm, 137mm, 160mm, 190mm, 212mm, 220mm, 240mm, 325mm 등의 다양한 구경의 공대공 및 공대지 로켓을 보유하고 있으며, 특히 대구경 로켓은 대함용으로 제한되어 사용하고 있다.

57mm인 경우 S-5로 명명되어 있으며, 채프, 대전차, 고폭, 파편용 탄두를 보유하고 있다. 이는 피터와 피시베드 전투기와 Mi-24 헬기에서 운용된다. 발사기는 탄 장진 발수에 따라 4종류(UV-8-57, UV-16-57, UV-19-57, UV-32-57)가 있다.

4. 미 사 일

(1) 개 요

□ **일반사항**

미사일은 일반적으로 목표를 명중시키기 위하여 외부의 지령이나 자체 내부의 기계적 작동에 의해 목표에 접근토록 설계, 제작된 비행체를 총칭하며 자체추진력을 가지고 있다는 점은 로켓과 같지만 자체조종면을 가지고 목표를 향하여 유도된다는 점에서 다르고, 유도된다는 점에서는 유도폭탄과 같지만 자체추진력을 가지고 있다는 점에서 차이가 있다.

따라서 발사하기 전에 사수가 목표를 정확히 조준해야 하지만 미사일의 경우에는 정확한 조준과정이 필요치 않으며 또한 미사일 발사 후에 목표물이 위치를 이동하더라도 추적공격이 가능하다. 그리고 자체추진력이 있어 유도폭탄보다 긴 사정거리를 가짐으로써 적의 대공화기 위험지역 밖에서 발사한 후 이탈할 수 있어 생존성이 높으며, 고속으로 목표물을 공격할 수 있어 견고한 목표물에 대한 침투파괴 효과가 높다.

미사일은 이와 같이 여러 가지 장점으로 인하여 현대 무기체계의 주종을 이루고 있으며 최근 세계 각국에서 활발한 연구가 진행되고 있는 분야 중의 하나다. 미사일은 그 운용범위도 매우 광범위하여 핵무기를 운반할 수 있는 대륙간 탄도탄에서부터 대전차 미사일까지 다양하게 개발되고 있다.

미사일 무기체계는 방법에 따라 여러 가지로 분류할 수 있으나 통상 용도에 따라 지대지, 지대공, 공대공, 공대지/함 등 네 가지로 분류하고 있으며, 여기에서는 미사일의 일반적인 사항 및 항공무기체계와 관련된 공대공, 공대지/함, 미사일에 한하여 살펴보기로 한다.

□ 미사일 발전과정

로켓과 무인비행기 및 유도폭탄 등을 모체로 하여 개발된 미사일은 다른 무기체계에 비하여 상대적으로 늦게 개발되어 역사는 매우 짧으나 급속한 발전을 거듭하여 현대 무기체계에서 가장 중요한 위치를 점유하고 있다.

13세기 중국에서 시작되어 18～19세기 유럽에서 발전되기 시작한 로켓 기술은 2차 대전에 이르러서는 독일이 V-2 로켓을 제작하여 영국을 폭격하는 등 획기적인 진보를 이룩하였으며, V-2 로켓의 출현과 거의 때를 같이하여 최초의 실용무기인 V-1도 개발되어 V-2와 함께 영국폭격에 사용되었다.

2차 대전이 연합국의 승리로 끝남에 따라 독일의 V-1 무인항공기 및 V-2 로켓에 대한 기술은 미국과 소련에 이전되어 경쟁적으로 미사일 개발에 열을 올리게 되었다. 소련은 1957년 8월 미국에 한발 앞서 대륙간 탄도탄 발사시험에 성공하였으며 미국에서도 무인항공기형 미사일인 마다틀과 스네이크를 거쳐 오늘날의 순항미사일을 개발하였다. 순항미사일은 인공위성에서 촬영한 사진을 미사일 내부의 컴퓨터에 입력시켜 실제의 비행경로와 맞추어 가며 20～100m의 초저공을 장거리 비행하는 미사일로서 현대 미사일 기술의 결정체라고 할 수 있다.

항공전에서 최초로 미사일이 사용된 것은 1958년 대만의 F-86F 전투기가 중공의 미그기에 대해 공대공 미사일을 발사한 것으로써 이것은 지금까지의 기관총과는 비교도 안 되게 유효 사정거리를 대폭 연장시켰다.

공대공 미사일뿐만 아니라 공대지 미사일도 목표지역의 상공을 비행하며 하나의 목표물을 파괴하기 위해 대량을 투하하는 일반폭탄과 달리 장거리에서 작은 목표물에 대한 정밀폭격이 가능하여 항공기의 생존성과 폭격명중률을 높일 수 있는 항공무장으로서의 기치를 인정받고 있다.

실례로 걸프전 당시 민간인이 밀집해 있는 고 위협지역인 이라크의 수도 바그다드의 폭격에는 일반폭탄 대신 주요 목표물에 대한 정밀폭격을 할 수 있는 토마호크, 슬램(공대지유도탄), AGM-65 매브릭 등 대지공격용 미사일을 사용하여 민간인 피해를 극소화시켰다.

전략 및 전술 목표에 대한 물리적 타격을 가하는 무기체계 중 가장 명중률이 높으며 안전성을 보장받을 수 있는 미사일은 현재 공·해·지의 모든 작전영역에서 가장 효과적인 무기로서 운용 중에 있으며, 과학기술의 발전에 따라 미래에는 더욱 향상된 유도체계와 추진장치를 갖춘 미사일이 등장하여 원거리 목표물에 대한 명중률 향상이라는 오랫동안의 인간의 염원을 실현하게 될 것이다.

□ 미사일 구성

◆ 비행체

비행체는 미사일을 구성하고 있는 내부부품인 유도장치, 추진기관, 탄두 등의 기능부분을 목표지점까지 안전하게 운송하는 용기로서, 비행 중 내부부품을 보호하여 줄 뿐만 아니라 공기저항을 극소화하도록 설계되어 있으며 또한 방향을 조정하는 조정수직 안전판에는 비행 중 미사일을 효과적으로 제어할 수 있도록 방향타 등이 부착되기도 한다.

미사일의 기체는 1회 사용을 목표로 하고 가벼워야 하기 때문에 재료 선택은 재사용을 전제로 하는 다른 비행체와 달리 알루미늄계통을 사용하며, 유리섬유 보강 플라스틱(FRP : Fiberglass Reinforced Plastics) 또는 금속과 FRP의 복합재료를 사용하기도 하며, 또한 적 레이더에 식별되지 않도록 스텔스 기능을 구비하기 위하여 형상, 소재, 도료 등을 이용, 개발 중에 있다.

◆ 추진기관

추진기관은 비행체를 목표지점까지 보내는 데 필요한 에너지를 공급하는 것으로 추진제, 모터, 점화기 및 노즐의 4개 구성품으로 되어 있다.

모터는 추진제를 담는 용기로 주로 고온에 견딜 수 있는 내연제로 제작되며 점화기는 추진기관을 점화시키는 기능을 갖는다. 추진제는 크게 나누어 분리형(double base)과 혼합형으로 구분된다.

분리형 추진제는 두 개의 다른 추진제를 혼합하여 원하는 만큼의 점화속도를 내도록 제조한 것으로 그 특성은 추력이 혼합형보다 적으나 연기가 적어 적에게 노출을 원치 않는 근거리 전술 로켓 및 미사일에 많이 쓰인다.

반면 혼합형 추진제는 연료와 자체에서 산소를 발생하는 산화제의 혼합물로서 연료는 알루미늄 분말 또는 산화제 분말을 사용한다. 이 추진제는 알루미늄 분말이 있어 연기가 많이 나는 반면, 추력이 좋으므로 장거리 미사일에 흔히 사용된다. 추진기관을 설계함에는 추진제의 추력뿐만 아니라 추진제의 연소속도도 중요한 고려요소의 하나이다.

노즐은 추진기관을 구성하는 주요 부분의 하나로서 추진제가 점화되어 고온·고압의 가스가 배출 시 추력을 최상으로 높이도록 설계된 배출구이다. 대부분의 노즐은 추진제가 점화됨으로써 발생된 고온·고압의 에너지를 가스의 속도에너지로 전환시키는 역할을 하며 분출되는 가스는 음속의 1.5배 이상이 되도록 설계된다.

추진기관 중에서 온도문제가 가장 심각한 곳이 노즐 부분이다. 단시간 점화하는 전술미사일의 경우 고온 내열재로도 사용할 수 있으나 2~3초 이상 작동하는 노즐은, 특히 그 목부분(Nozzle Neck)에 흑연 등 특수 내연재를 사용한다.

◆ 탄 두

탄두는 미사일에 있어서 실제적으로 가장 중요한 부분으로서 목표물에 직접 피해를 주는 부분이다. 왜냐하면 미사일은 원칙적으로 보아 어디까지나 탄두의 운반수단이지 자체가 파괴력을 가지는 것은 아니기 때문이다.

미사일에 사용되는 탄두는 일반적으로 핵탄두와 재래식 탄두로 구분할 수 있는데 전략용은 전부가 핵탄두이고 전술용은 경량화된 핵탄두 및 재래식 탄두가 모두 사용되고 있다. 재래식 탄두는 표적에 따라 가장 효율적으로 파괴할 수 있게 다양하게 설계되어 있으며 그 종류도 표적물의 유형만큼이나 다양한 것이 특색이다.

◆ 유도조종장치

유도조종장치는 미사일의 두뇌에 해당되는 핵심부분으로 유도장치와 조종장치로 구분된다. 유도장치는 목표까지 비행체를 유도하기 위한 신호를 조종장치로 보내는 역할을 하는 것으로서 표적의 특성에 따라 다양하며 조종장치는 유도장치로부터 전달된 신호를 실제 비행체가 원하는 방향으로 비행하게끔 조종면을 작동시켜 주는 부분이다.

유도장치와 기체 및 조종장치는 폐쇄회로체계로 되어 있다. 즉, 유도장치에서는 목표를 명중하기 위하여 현 상태로 비행할 경우 얼마의 오차가 날 것이라는 것을 감지하여 조종장치에 오차신호를 전달하면 조종장치는 이에 의해 필요한 만큼 비행체의 진로를 수정토록 작동되고 이에 따라 비행체는 진로가 변하게 된다. 그러나 실제에 있어서는 진로수정 방법은 비행속도, 온도, 공기밀도 등 여러 가지의 부정확한 요인으로 인하여 계속 오차가 발생하므로 이 오차를 계속적으로 유도장치가 감지하여 조종장치에 신호를 보내 종국적으로 목표에 명중하도록 설계가 되는 것이다.

조종장치는 대개 유압장치와 전동장치 두 가지가 사용되는데 유압장치는 비교적 비행체가 크거나 속력이 빠르고 많은 회전을 필요로 하여 구동력이 큰 경우에 흔히 사용되며 전동장치는 구동력이 적은 경우에 사용된다. 제작가격 및 정비유지비 면으로 볼 때 전동식이 유압식에 비해 월등히 유리하나 단위 무게당 구동력은 유압장치가 우세하여 종래에는 유압식이 많이 사용되었다. 그러나 최근에는 희소 금속을 이용한 특수자석의 개발과 더불어 전동장치의 사용이 많아지는 경향이 있으며 머지않아 특수한 경우만 제외하고 거의 전부가 전동식으로 바뀔 것으로 전문가들은 보고 있다.

□ 미사일의 분류

◆ 전략/전술용에 의한 분류

미국과 러시아는 핵탄두를 탑재하고 사정거리 1,000km 이상인 전략미사일로 구분하고 그 외의 모든 미사일을 전술미사일로 분류하고 있다. 그러나 우리나라와 같이 북한만을 상대로 하는 경우에는 사정거리 700km의 퍼싱미사일을 전술미사일로 분류하고 있다.

◆ 사정거리에 의한 분류

개념적으로 미사일을 장거리, 중거리 및 단거리 미사일로 분류하는 것으로 흔히 사용되고는 있지만 사정거리가 몇 km 이상이면 장거리이고, 이하면 단거리인지 정확히 정의된 것은 없다. 다만 1,000km 이상이면 장거리, 40km 이하이면 단거리, 나머지는 중거리로 불리는 것이 미국의 예이나 이 같은 분류도 역시 상대적이라 할 수 있다. 또한 공대지 유도무기를 소규모 국지전에서 전장의 상공에 투하하는 단거리 개념, 전 구역 근처에서 투하하는 중거리 개념, 광역(국가 간 종심, 전 지구적)에서 운용하는 장거리 개념으로 분류하여 생각할 수도 있다.

◆ 용도에 의한 분류

통상적으로 쓰이는 분류방법으로써 미사일을 발사하는 장소가 어디며, 어떤 목표를 공격하느냐에 의하여 결정된다. 목표물에 따라 미사일의 적용이 매우 다양하지만 그중 대표적인 것을 예를 들면 다음과 같다.

<표 3-4> 용도에 의한 분류방법

구 분	세 분	대표적 유도탄 명칭
지 대 지	전 략 전 술 잠수함발사미사일 대 전 차 함 대 함 지 대 함	미 니 트 맨 퍼 싱 폴 라 리 스 토 우 하 푼 삼 렛
지 대 공	대 탄 도 미 사 일 지 대 공 함 대 공	스 파 르 탄 호 크 스 탠 다 드
공 대 공	공 대 공	사이드와인더
공 대 지	공 대 함 공 대 지	매브릭/팝아이 코 모 란

◆ **추진 방식에 의한 분류**

- 로켓 : 액체/고체
- 제트 : 터보제트(Turbo-Jet), 램제트(Ram-Jet), 펄스제트(Pulse-Jet)

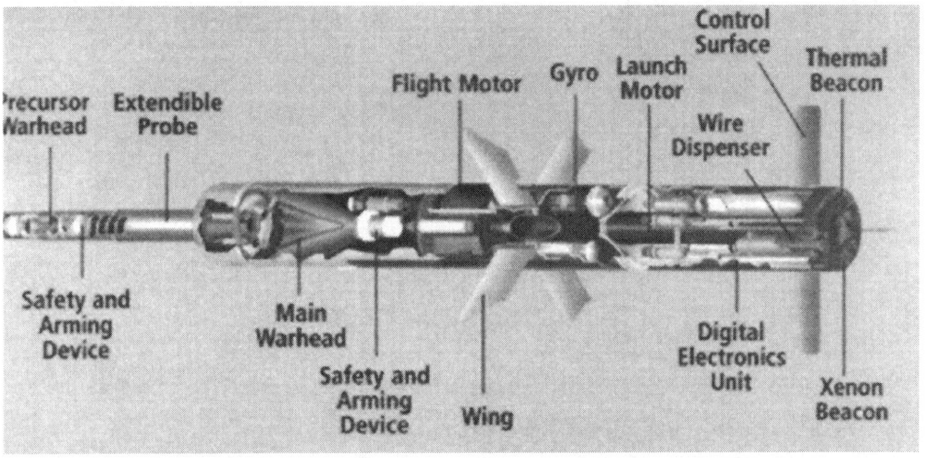

[그림 3-15] 미사일의 구성도

◆ **유도장치에 의한 분류**

가장 통상적으로 사용되는 분류방법으로서 관성유도(Inertial Guidance), 지령유도(Command Guidance), 호밍유도(Homing Guidance), 빔 편승(Beam Riding) 방식 등이 있으며 세부내용은 다음과 같다.

▸관성유도◂

관성유도는 팽이를 돌리는 경우와 같이 어떤 질량을 가진 물체가 고속으로 회전 시 회전축이 항상 일정한 방향을 유지하려는 원리, 즉 자이로의 강직성을 이용한 기술로서 미사일 자체에서 미사일의 위치와 속도를 측정하여 목표에 도달하는 방법이다.

미사일의 가속도를 측정하는 가속계와 미사일의 자세를 측정하는 자이로가 있어야 하며 이러한 측정장치의 정보를 받아 유도신호를 계산하는 계산기가 있다. 가속도계는 한 축에 대한 가속도만을 측정할 수 있기 때문에 공간에서의 위치를 알려면 3개의 가속도계가 필요하다. 그러나 2개 또는 1개의 가속도계를 쓰는 관성항법도 있다.

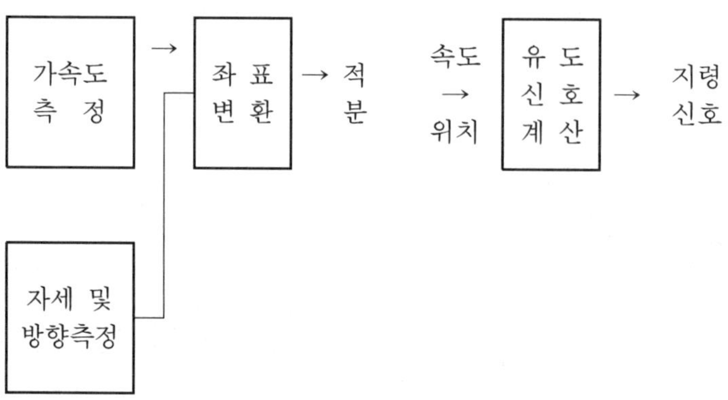

[그림 3-16] 관성항법방법

▸지령유도◂

모든 정보를 획득하여 유도신호를 산출, 미사일에 지령을 전달하며 미사일은 이 지령에 따라 유도하는 방식이다. 지령방법은 정보의 획득

방법, 유도신호의 계산법, 지령의 전달방법이 다양하므로 이에 따라 시스템의 복잡성, 가격 및 용도가 광범위하다. 지령방법의 가장 간편한 형태는 사람이 조준기를 통해 표적과 마사일을 보면서 조종간을 움직이면 그 신호가 전기신호로 전환, 발사대와 미사일을 연결한 가느다란 전선을 통하여 전달되어 미사일을 유도하게 된다. 즉, 정보의 획득과 유도신호 계산은 사람이 하고 전달은 유선으로 한다. 좀 더 발전된 방식은 사람이 조준기로 표적을 조준하고 추적만 하면 조준기에 부착된 미사일 추적장치에서 나온 정보와 조준선에서 벗어난 차이를 계산하여 자동적으로 유도신호를 산출하는 방법이다.

▸ 호밍유도 ◂

호밍유도는 표적에서 반사되거나 방출되는 에너지를 이용하는 유도기술로서 미사일 자신이 외부의 도움 없이 목표를 포착, 공격하게 된다. 호밍유도방법은 주 에너지원이 어디에 있느냐에 따라 능동, 반능동 및 수동 호밍유도 방식으로 다시 세분된다. 능동이란 미사일에서 에너지를 발사하여 표적에서 반사된 에너지로 미사일과 표적의 상대위치를 알며, 반능동은 미사일 외의 장소에서 발사된 에너지가 표적에 반사되어 미사일에 도달한 것을 이용하는 방법이며 수동은 표적 자체가 에너지원인 경우다.

(2) 공대공 미사일

공대공 미사일(AAM : Aie To Air Missle)의 출현은 공중전술의 커다란 변화를 가져왔을 뿐만 아니라 전투기의 설계 및 성능개량에도 많은 영향을 미쳤다.

1982년 포클랜드 분쟁에서 영국의 해군 해리어 전투기는 공대공 미사일의 중요성을 명백하게 입증해 준 중요한 실전사례로 평가되고 있다. 영국의 해군 해리어가 성능이 더 좋은 미라주 전투기에 대해 압승을 거둔 이유는 공대공 미사일의 우월성에 기인한 것이었으며 레바논 전투에서 시리아의 미그-21과 미그-23이 이스라엘의 F-15와 F-16에 패배한 이유도 공대공 미사일의 성능 차이 때문으로 분석하고 있다.

열추적 유도 방식의 단거리 미사일로부터 시작된 공대공 미사일은 중거리 미사일급의 반능동 유도 방식에서 장거리용인 능동유도 방식 등의 순서로 발전을 거듭해 왔고 오늘날에는 복합유도 방식을 사용하여 작고 가벼우면서도 다양한 작전요구에 융통성 있게 운용할 수 있는 미사일들이 계속 개발되고 있다.

앞으로 고성능 신형 공대공 미사일의 출현에 따라 전투기 성능의 우위가 차지하는 비중이 감소되고 미사일의 성능이 차지하는 비중이 증대되어 가는 추세이다.

□ 열추적미사일

공대공 미사일 중 가장 오래되고 널리 사용되어 온 미사일로는 표적기의 엔진 배출구에서 나오는 적외선(혹은 열선)을 추적하는 형태의 열추적미사일이다. 열추적미사일의 대명사라고 할 수 있는 사이드와인더(AIM-9 계열)를 비롯하여 매직, 애즈램(ASRAAM), 파이톤(Python) 등의 미사일들이 공중전의 주요 무기로 자리 잡아 왔다.

◆ AIM-9 계열

사이드와인더는 공대공 미사일로는 세계에서 가장 많이 생산되었고 자유진영에서 가장 널리 사용되어 온 미사일이다. 1950년대 초반부터 미 해군에 의해 개발된 AIM-9B는 미국뿐만 아니라 영국, 캐나다, 독일, 스페인, 덴마크, 그리스, 네덜란드, 일본, 한국 등 여러 나라에서 사용되어 왔다. 이와 같이 널리 사용된 이유로는 당시로서는 획기적인 성능 및 구조의 간단성에 있다. 즉, 움직이는 부품이 20여 개에 불과하며 내장 전자부품도 라디오에 사용되는 부품 수에 지나지 않는다.

AIM-9E는 AIM-9B의 유도 및 제어장치 부분을 개조한 값싸고 비교적 성능이 좋은 개량형이며, AIM-9G는 AIM-9D의 개량형으로 목표물 추적 능력을 향상시켰다.

[그림 3-17] AIM-9 사이드와인더 미사일

베트남전을 거치면서 미 해군은 문제점을 보완하여 신뢰도를 향상시키고 추적 허용 각도를 증가시킨, AIM-9H형을 개발하였다. 이어서 개발된 AIM-9J는 복 삼각형의 조종날개를 가지고 있어 기동성이 대폭 증가되었으며, AIM-9P는 개량된 신관과 연기가 적게 나는 추진체를 사용함으로써 격추율을 증대시켰다. AIM-9M은 적의 방어수단에 대한 대응능력을 구비하고 하방공격이 가능토록 적외선 탐지기의 성능을 개량하였으며 이외에도 정비신뢰성 향상 및 연기가 나지 않는 발사 추진체 개발을 진행하고 있다.

▶ 구조 및 기능 ◀

- 적외선 탐지기 : 표적기로부터 나오는 열선을 감지 및 추적하는 장치
- 귀날개/날개 : 유도부의 지령을 받아 움직임으로써 기동을 가능케 하며, 미사일의 자세를 유지시킨다.
- 유도부 : 적외선 추적기로부터 정보를 받아 날개를 움직인다.
- 신관 : 목표물에 접촉하거나 근접탄두를 폭발시키는 장치이다.
- 탄두 : 수많은 파편으로 구성된 폭발물이다.
- 노즐 : 추진제가 점화되어 배출되는 고온·고압의 에너지를 운동

에너지로 변환시키는 역할을 한다.

◆ 매직(R-550)

프랑스에서 개발된 공대공 미사일로서 미라주 전투기에 주로 사용된다. 1975년부터 작전 배치된 매직 I형은 140도 전 방향에 대해 어떤 접근각도의 목표에 대해서도 발사 가능한 미사일이며, 1984년부터 생산되기 시작한 매직 II형은 추진기와 탐지기능의 향상으로 고도나 방향에 관계없이 공격할 수 있는 능력을 갖추고 있다.

▶ 제원(매직 II) ◀

- 전 장 : 227cm
- 중 량 : 89.5kg
- 속 도 : 마하 3
- 사거리 : 0.32～10km
- 채택국가 : 프랑스 외 15개국가
- 장착기종 : 미라주 2002, 재규어, 라파엘 등
- 특 징 : 이중 삼각날개를 채택

◆ 파이톤 III

1981년 파리 에어쇼에서 최초로 선보인 파이톤 III은 이스라엘 공군이 1970년대 사용한 주력미사일 사피르의 개량형이다.

사피르는 1961년부터 이스라엘의 라파엘 사가 미국의 사이드와인더를 모방하여 자체개발한 열추적미사일로서 3차 중동전 및 4차 중동전을 거치면서 그 우수성이 전 세계적으로 인정받은 바 있다.

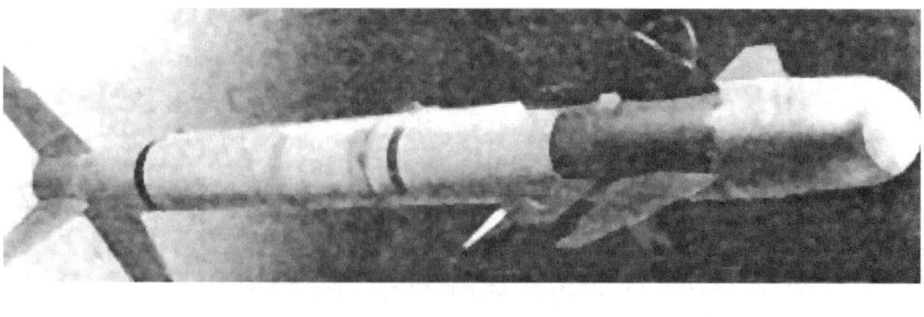

[그림 3-18] 매직 미사일

파이톤 Ⅲ은 이러한 사피르에다 새로운 적외선 탐지기를 장착하여 전방향에서 공격이 가능하도록 하였고, 4개의 삼각날개로 기동성을 증대시켰다. 또한 개량된 근접신관 사용과 4,000여 개의 파편이 2,000m/s의 고속으로 폭발케 함으로써 목표물 파괴 치명영역(Vulnerable Volume)을 확대시켰다.

▸제 원◂

- 전 장 : 300cm • 중 량 : 120kg
- 사거리 : 0.5～15km
- 특 징 : 핀의 뒤에 처짐각(Sweep-Back Angle)을 주어 조종성능 향상, 다른 열추적미사일보다 탐색범위가 넓음.

◆ AIM-132(아스람)

AIM-132(ASRAAM)은 초정밀 적외선 단거리 미사일이다. 최신의 이 미사일은 지금까지의 열추적미사일과는 달리 추력방향의 변경제어장치를 사용하여 날개를 없애고, 대신 후미에 장착된 조종면만으로도 발사 순간부터 급격하게 방향을 변경시킬 수 있다.

현재 열추적미사일의 주종을 이루는 사이드와인더보다 약간 짧고 가벼운 이 미사일은 한 발씩 장착할 수도 있고, 여러 발을 원통 속에 장착하여 한 발씩 발사할 수도 있으며, 스텔스 비행기의 경우 동체 내부에 적재하여 발사할 수 있다.

▸제 원◂

- 전 장 : 2.9m • 무 게 : 87kg
- 유효사거리 : 약 12마일
- 개발완료 : 1998년
- 특 징 : 탐지기의 탐지/추적 각도는 파이톤 Ⅳ와 동일하며 조종사 헬멧 시현장비와 연동 사용할 때 0.5초 간격으로 발사가 가능하다.

◆ AA-8(APHID)

AA-8은 러시아의 제3세대 단거리 공대공 미사일로 R-60의 나토명이다. AA-2 '아톨(ATOLL)'을 대체하기 위한 미사일로서 1970년대까지 개발 생산되었다. 운용국가는 러시아, 아프가니스탄, 체코, 헝가리 등 17개국에서 운용하고 있다.

▶제 원◀

- 전 장 : 2.08m
- 무 게 : 65kg
- 사정거리 : 3～5km
- 탄두중량 : 6kg
- 특 징 : 전방향 교전능력을 구비하고 전자광학신관을 장착하고 있다.

□ 반능동 추적미사일

열추적미사일의 단점인 짧은 유효사거리와 제한된 전방공격능력을 보완하기 위하여 항공기 장착 레이더와 연동하여 유도되도록 하는 방식을 적용한 미사일이 반능동 추적미사일이다.

즉, 목표기의 위치에 상관없이 가시거리 밖에서 레이더로 목표물을 포착하여 미사일을 발사하면 발사된 미사일의 추적장치가 목표물로부터 반사되어 오는 레이더 파를 추적하여 유도하는 방식이다. 대표적인 반능동 추적미사일로는 스패로로 불려지는 AIM-7 계열과 프랑스의 슈퍼530, 그리고 이탈리아의 스파이드 등이 있다.

◆ AIM-7 계열

스패로가 처음 실전에 배치된 시기는 1958년으로, 초기에는 레이더빔을 따라가는 빔 편승방법을 사용하였으나 이후 레이더의 발달로 반능동 방식에 의한 추적 방식이 채택된 것은 AIM-9C로서 미 해군함대의 대공미사일로 사용되었다.

1961년 추적기를 개량한 AIM-7D형을 거쳐 본격적인 공대공 미사일로 개조된 AIM-7E가 실용화된 시기는 1963년이며 월남전에서 수천 발이 사용되었다. 1977년 실용화된 AIM-7F는 AIM-7E에 비해 큰 모터와 탄두를 사용하여 사정거리를 두 배로 증가시키고 파괴력이 크게 향상되었다.

1980년에는 하방공격 능력을 갖춘 디지털 방식의 AIM-7M을 생산, 1992년부터는 사정거리를 연장시킨 AIM-7R을 생산하고 있다.

스패로를 사용하는 국가는 미국 이외에 벨기에, 캐나다, 덴마크, 그리스, 이란, 이스라엘, 이탈리아, 일본, 노르웨이, 네덜란드, 스페인, 영국, 그리고 한국 등이다.

▶제 원◀

- 전 장 : 366cm
- 중 량 : 230kg
- 유효사거리 : 62마일
- 유도시간 : 70초
- 기동성 : 35G
- 속 도 : 마하 4.0
- 장착기종 : F-4, F-14, F-15
- ECCM 하방능력 : 구비
- 특 징 :
  - AIM-7M형에는 역상 모노펄스 반능동 탐지기가 부착되어 있는데 이것은 디지털 프로세스와 함께 심한 ECCM 및 열악한 기상조건하에서의 미사일 성능을 크게 향상시켰다.
  - AIM-7P는 성능이 향상된 유도전자장비, 신형 신관 및 현재 사용 중인 것보다 2배의 성능과 속도를 자진 컴퓨터가 장착되어 있다.

◆ 슈퍼 530

프랑스의 매트라사는 성공적인 매직 단거리 미사일 개발에 의한 경험과 기초로 1971년부터 반능동 추적 방식의 미사일 개발을 완료했다.

슈퍼 530F 형은 1979년부터 작전배치된 이후 1,500발 이상이 생산되었고 슈퍼 530d형은 1985년부터 생산되어 미라주 2000에 장착되었으며 프랑스 외 12개국에서 사용되고 있다.

▶제 원◀

- 전 장 : 354cm
- 중 량 : F형 250kg/D형 265kg

- 속 도 : 마하 4.6 • 사거리 : F형 22/D형 25마일
- 특 징 : 전고도, 전방향, 전천후 공대공 미사일이며 2단 고성능 로켓 채택으로 사거리를 연장했다.

◆ **아스파이더**

1971년부터 이탈리아에서 개발하여 최초 비행시험은 1974년에 시작하여 1988년 F-104 스타파이터(Starfighter)에 장착되어 이탈리아 공군에 실전배치되었다. 영국의 스카이 플래시와 마찬가지로 아스파이더 미사일은 AIM-7E 스패로에 기초하여 개발되기는 했지만 주요 부품의 형태는 크게 변화되었다.

▸제원(아스파이더 MK1, MK2)◂

- 전 장 : MK1 3.07/MK23.65km
- 중 량 : MK1 220/MK2 230kg
- 신 관 : 반능동 레이더/능동 레이더
- 사거리 : 35/40km

□ 복합추적 능동미사일

미사일 기술이 발달함에 따라 열추적미사일의 장점인 발사 후 즉시 이탈(fire & forget)의 기능을 살리면서도 반능동 미사일보다 원거리 공격이 가능한 능동유도 방식이 개발되었다.

미사일 자체에 레이더를 탑재하여 레이더 신호를 송신하고 목표물에 반사되어 돌아오는 신호를 수신함으로써 최종접근 시까지 추적할 수 있다. 이러한 미사일의 출현은 과거 서로 가시거리 내에서 이루어지던 공중전의 패턴을 바꾸어 새로운 가시거리 외곽(BVR : Beyond Visual Range) 전술을 탄생시켰다. 특히, 가시거리 밖에서 여러 대의 적기를 동시에 추적하며 다량의 미사일을 한꺼번에 발사할 수 있게 되었다.

단점으로 미사일 탄두에 레이더를 장착해야 하고 원거리 비행을 위해 용량이 큰 추진 모터를 사용하기 때문에 중량이 커짐으로 해서 장착기

종에 제한을 받는다. 미사일 기술이 더욱 발달함에 따라 미사일의 중량 및 크기를 줄이면서도 같은 성능을 얻기 위해 개량된 방식이 복합형 유도 방식이다. 즉, 발사 초기에는 관성항법에 의해 비행하다가 목표물에 접근 후 레이더를 작동시켜 추적케 함으로써 용량이 작은 레이더를 사용하면서도 원거리 요격이 가능하다.

이외에도 ECM에 취약한 레이더 유도 방식을 보완하여 최종 접근단계에서는 열추적 단계로 전환하거나 작전 특성, 기후 등에 따라 유도 방식을 선택할 수 있는 등의 다양한 기법이 응용되고 있다.

◆ 피닉스 계열

피닉스는 미 해군이 F-14 전투기에 사용할 목적으로 개발이 시작되었다. 함재기인 F-14는 항공모함의 보호를 위해 항공모함 레이더 관제권 밖에서 작전하다 보니 자체의 장거리 탐색레이더 및 장거리 요격미사일의 필요성이 대두되었다.

1969년 F-111 전투기에서 시험 발사된 AIM-54는 240km 떨어진 무인기를 탐지하여 204km에서 발사 후 134km 전방에서 명중시킴으로써 전 세계를 놀라게 했다.

1973년부터 AIM-54A형을 생산하여 F-14에 장착하였고, 1980년까지 대략 2,566발을 생산하였다.

1977년에는 개량형인 AIM-54B를 생산하였고, 1982년부터는 반도체를 이용한 새로운 형태인 AIM-54C형으로 개량되었다. AIM-54C형은 A, B형보다 정확성 및 신뢰성이 향상되었고 전자방해에 대한 제거능력(ECCM) 및 신관 등이 개량되었다.

▶ 제원(AIM-54A/B) ◀

- 전　장 : 396
- 중　량 : A/443kg, B/463kg
- 속　도 : 마하 5
- 사거리 : 150km
- 탄두무게 : 60kg
- 채택국가 : 미국, 이란
- 장착기종 : F-14, F-111 등

◆ 스카이 플래시(Sky Flash : RB 71A)

영국에서 스패로급의 반능동 유도 방식의 중거리 미사일로 개발된 스카이 플래시는 1975년 최초의 발사시험에 성공한 이후 1978년부터 작전 배치되었다. 이후 능동유도 방식으로 전환하여 개량된 스카이 플래시는 중량이나 크기가 피닉스에 비해 훨씬 작으면서도 1980년대에 가장 우수한 능동식 미사일로 평가되었다.

영국은 미국이 개발한 중거리 미사일인 AIM-120(암람)에 대항하여 스카이 플래시를 더욱 개량한 스카이 플래시 90을 개발하였으며, 스카이 플래시를 구매하여 사용하던 스웨덴도 RB73으로 개명하여 영국과 합작 생산하고 있다.

▸제원 및 성능◂

- 전　장 : 368cm
- 중　량 : 193kg
- 속　도 : 마하 4
- 사거리 : 31마일
- 채택국가 : 영국, 스웨덴
- 특　징 : 스카이 플래시 90은 BVR 미사일(가시거리를 벗어난 중·장거리)용으로 얇은 날개 및 공기저항을 감소하기 위해 후미부분을 개조하였다.

◆ 암람(ARMRAAM : AIM-120)

1976년 미 공군, 해군 및 해병대는 스패로를 대체할 수 있는 차세대 미사일을 공동으로 연구한 결과, 암람이라는 중거리 공격미사일을 개발하게 되었다. 이 중거리 공격미사일 설계에서 가장 중요시한 점은 빠른 속도와 기동성, 큰 가속도로 이동하는 목표물을 추적하기 위해 미사일의 공기저항을 최소화하는 것과 비행기에 장착 시 전체 저항을 최소화하는 것이다.

또한 복합유도 방식을 채택하여 초기에는 발사항공기의 레이더 지령을 받고 중간에는 관성유도 방식에 의해 접근하여 최종단계에서 자체 레이더에 의해 능동적으로 추적하는 복합추적 방식을 취하고 있다.

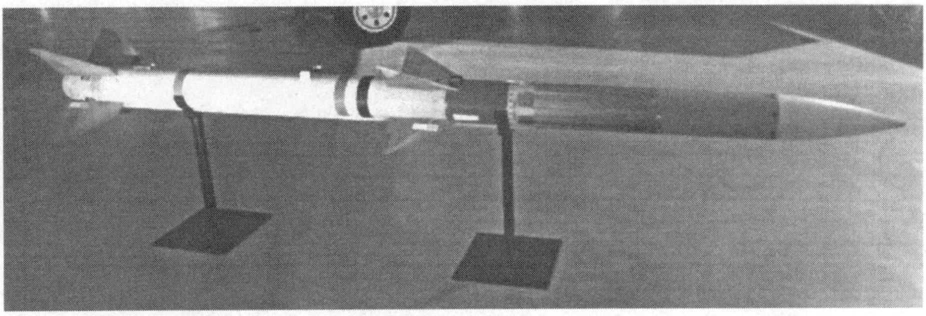

[그림 3-19] 스패로 대체용인 암람 미사일

단시간 내에 마하 4의 속도를 내도록 고성능 추진모터를 사용한 이 미사일은 스패로보다 가볍고 작으면서도 신뢰성이 향상되었으며 사정거리가 연장되었다.

1990년대 초부터 작전배치된 개량된 암람은 전방향, 전고도 전천후용 미사일로 적의 대량공격에 대응해 동시 다수목표 공격이 가능하며, 저고도로 침투하는 적기의 탐지 및 격추능력이 있고 적의 전자방해에 대한 대응능력(ECCM)도 갖고 있다.

▸제원 및 성능◂

- 전 장 : 365cm
- 중 량 : 152kg
- 사거리 : 63km
- 속 도 : 마하 4
- 장착기종 : F-14, 15, 16, 18
- 특 징 : 다수표적 추적 능력과 군집된 표적을 분리할 수 있는 기능 구비

◆ AA-11(Archer)

'AA-11'는 R-73라고 알려진 러시아의 제4세대 단거리 적외선 공대공 미사일 나토 명칭이다.

1970년대 후반부터 개발한 것으로 추정되며 1987년경에 작전배치되기 시작하였다.

[그림 3-20] AA-11 미사일

이 미사일은 공대공 임무, 특히 기민성 있는 적 항공기와 교전을 임무로 하는 전투기에 장착하기 위해 설계되었다. 이는 기동성을 강조한 설계 방식에서 잘 나타난다. 운용국가는 러시아, 불가리아, 중국, 독일, 헝가리, 북한 등 18개국이 운용하는 것으로 예상된다.

▸제 원(R-73M2)◂

- 전 장 : 2.9m
- 중 량 : 110kg
- 탄 두 : 7.4kg
- 사거리 : 300km
- 특 징 : 디지털 제어장비와 적외선 방해 대응책을 구비하고 있으며, 발사 후 180도 선회 기동할 수 있는 능력을 구비하고 있다.

◆ AA-12(R-77)

AA-12는 고 기동성 항공기, 헬리콥터, 순항미사일을 공격하기 위해 1982년에 작전 배치된 것으로 추측된다. 이 미사일은 미그-29, 미그-31, Su-27, 35 등에 장착한 것으로 추정되며, Tu-26 '백파이어'와 Tu-169 '블랙잭' 폭격기에 장착하고 있다.

▸제 원◂

- 전 장 : 3.6m
- 중 량 : 175kg

- 유도 방식 : 복합
- 탄 두 : 30kg
- 속 도 : 마하 3(추정)
- 특 징 : 후미부분은 프랑스 MICA 공대공 미사일과 유사한 4개의 직사각형 날개를 가지고 있으며, 특이한 것은 후미부분에 4개의 조정 Fin이 부착되어 있다. 추진 시스템은 2단계 고체 추진모터를 사용하고 있다.

(3) 공대지 미사일

공대지 미사일(ASM : Air To Surface Missile)은 자체추진력과 유도장치를 갖춘 폭탄의 일종으로서 다음 두 가지 면에서 일반폭탄과 구별된다.

첫째는 재래식 폭탄의 경우 공중에서 투하 시 투하항공기의 고도, 속도, 강하각 및 지상풍 등 많은 변수에 따라 탄착점이 달라지므로 사실상 정확한 점목표(pin-point) 공격이나 이동목표에 대한 공격이 불가능하였다. 따라서 폭격효과를 증대하기 위해선 탄두의 폭발력을 크게 하면서 동시다발로 투하하는 투하 방식을 사용해 왔다. 그러나 공대지 미사일의 경우는 정밀폭격이 가능하므로 탄두 무게를 줄이고 투하발수를 최소화하면서도 명중률 및 폭격효과를 높일 수 있다.

둘째로는 공대지 미사일의 자체추진력은 발사거리를 연장시킴으로써 적의 대공화기 사정거리 박에서 공격이 가능하기 때문에 항공기의 생존성을 높일 수 있다.

자유낙하하는 일반폭탄에 유도장치만을 부착한 유도폭탄(일명 스마트 폭탄)과는 달리 공대지 미사일은 유도장치와 함께 자체추진력까지 부착하여 사정거리를 연장시킴으로써 정밀폭격 및 원거리 공격능력을 구비하였다.

공대지 미사일의 가장 중요한 부분이 폭탄을 목표물에 정확히 명중하도록 하는 유도부인데 폭탄유도에 사용되는 유도 방식은 능동형, 반능동형, 수동형으로 구분된다. 능동형은 미사일 자체에서 전파 혹은 레이저파를 발사한 후 반사파를 감지하여 목표물을 추적하며, 반능동형은 항공기나 함정 또는 지상의 조사기로부터 목표를 향해 파를 발사하여 미사일이 반사되어 오는 파를 탐지하여 추적하게 하는 방식이고, 수동형은 대 레이더 파괴용 미사일과 같이 레이더에서 발사하는 파를 쫓아 추적해 들어가는 방식이다. 이외에도 TV와 레이저를 복합적으로 이용하거나 야간에 사용 가능한 영상적외선 방식이 채택되고 있다.

향후 공대지 미사일의 개발은 원거리 공격 및 발사 후 즉시 이탈하는 기능을 더욱 발전시키고 전자전에 대비한 전자방해 대응책(ECCM) 및 복합유도 방식에 의한 전천후 공격능력을 향상시키는 추세로 진행될 것이 확실하다.

□ 주요 공대지 미사일

◆ 매브릭(Maverick : AGM-65)

이 미사일은 미 공군, 해군 및 해병이 야간 또는 전천후 기상조건하에서 탱크, 기동차량, 엄체호, 소형선박과 같이 작고 견고하며 고정되거나 이동하는 목표물에 대한 공격용으로 개발을 시작하였으며 핵심기술인 유도부분에는 TV, 레이저, 적외선 영상 등의 다양한 방식이 적용되고 있다.

초기의 AGM-65A형은 미사일 전방에 장착된 TV 카메라와 조종석 내에 있는 TV 화면을 이용하여 목표를 조준 공격하도록 되어 있는데 이는 전자광학적으로 유도되는 기존의 다른 무장과는 달리 자체유도가 가능한 것이다.

미사일의 운용방법은 미사일의 앞부분에 있는 소형의 TV 카메라를 목표물에 조준시킨 후 미사일을 발사하면 미사일 내부의 자동 TV 추적장치와 연동되는 유도부에 의해 목표물로 계속해서 유도되므로 항공기는 미사일을 발사한 후 곧 그 지역을 벗어나 다른 임무를 수행할 수 있는 장점이 있는, 즉 발사 후 즉시 이탈이 가능한 미사일로서 1977년까지 약 17,000발이 생산되었다.

AGM-65C형은 A, B형이 TV 유도형인 데 비하여(TV 유도형은 야간

작전능력이 미흡한 단점이 있다) 레이저 조사가 가능한 목표물에 대한 공격을 목적으로 개발된 레이저 유도형으로서, 지상 또는 공중에서 목표물을 향해 레이저를 조사하면 미사일 앞부분에 있는 레이저 탐색기가 목표에서 반사되어 오는 레이저파를 수신하여 유도 추적함으로써 주·야간 구분 없이 운용이 가능한 장점이 있었으나 미사일의 비행 최종단계에서 탐지기의 불안정 문제가 야기되어 계획이 취소되었다.

휴즈사는 악기상이나 시정이 좋지 않은 상태에서 운용이 어려운 레이저 유도 방식을 개선하기 위해 적외선 영상(IIR : Imaging Infra-Red) 유도 방식의 AGM-65D를 개발하였다. 이 적외선 영상유도 방식을 적용함에 따라 매브릭의 전천후 운용이 가능하게 되었다.

▶성능 및 제원◀

- 전　장 : 2.49m　　　• 직　경 : 3.05mm
- 무　게 : AGM-65A형 210kg　　　• 속　도 : 초음속
- 사정거리 : 3～25km
- 사용국가 : 미국, 한국, 이집트 등 세계 15개국
- 특　성 : 탄두는 고폭 성형탄으로 확산 및 파편 효과가 크고 견고한 목표물 파괴에도 적합하여 전차, 교량, 작전시설, 항만 등의 다양한 목표물 공격에 운용된다.

[그림 3-21] AGM-65 미사일

◆ 러시아 공대지 유도무기

러시아는 1950년대부터 공대지 미사일을 개발하기 시작하여 사거리 및 용도별로 단거리, 중거리, 장거리 등으로 구분하여 각각 발전시켜 왔다.

AS-10 '카렌(kh-25MR/ML)'

1975년에 작전배치되기 시작하였다. 이 미사일은 현재 무선지령 유도방식의 kh-25ML 등 두 가지 유형의 AS-10 미사일이 운용되고 있다. 운용국가는 아프가니스탄, 알제리, 앙골라, 불가리아 등에 배치된 것으로 추정된다.

▶제 원◀

- 전 장 : 4.04m
- 중 량 : 300kg
- 탄 두 : 90kg
- 사거리 : 10km(MR)/20km(ML)

AS-13 '킹볼트(kh-59 Ovod)'

AS-13 킹볼트는 러시아명이 Ovod인 미사일의 나토 명칭으로 설계명은 kh-59, 수출모델명은 X-59이다. 중거리 TV 지령 유도 공대지 미사일은 1990년 두바이 에어쇼에서 최초로 전시되었으며 1970년대 AS-10을 성능 개량한 것으로 추정된다.

▶성능 및 제원◀

- 전 장 : 5.4m
- 탄 두 : 150kg
- 중 량 : 800kg
- 사정거리 : 60km
- 유도 방식 : TV 명령
- 운영국가 : 아제르바이잔, 벨로루시, 카자흐스탄, 우크라이나

◆ AS-30L

1960년대 작전 배치된 대지공격 미사일 AS-20을 기초로 하여 AS-30은 미국의 매브릭에 견줄 만한 프랑스 공대지 미사일로 1988년부터 프랑스 공군에 작전배치 되었다.

1980년부터 개발이 시작된 AS-30L은 AS-30의 단점을 보완한 것으로서

복합유도 방식과 자동추적 레이저 조사장비(ATLIS : Automatic Tracking Laser Illumination System)를 채택함으로써 발사 후 즉시 이탈이 불가능한 단점을 보완하였다. 즉, 발사 후 초기단계에서는 관성항법으로 비행하다가 최종 유도단계에서는 레이저 수신유도 방식을 사용하는 복합유도 방식을 사용함으로써 발사거리를 연장시켰으며, 'ARIEL'이라는 고감도 레이저 탐지기와 연동되는 자동추적 레이저 조사장비 ATLIS의 사용으로 발사 후 즉시 이탈이 가능함으로써 공격항공기의 생존성을 크게 증가시켰다.

▶성능 및 제원◀

- 전　장 : 3.65m
- 직　경 : 342mm
- 무　게 : 520kg(탄두 : 240kg)
- 발사거리 : 10km 이상
- 장착항공기 : F-104, F-16, 재규어, 미라주, 토네이도, 라파엘

◆ **하푼(Harpoon : AGM-84)**

고래잡이용 작살(Harpoon)이라는 별명을 지닌 AGM-84 미사일은 전천후 대함공격순항 미사일로서 항공기, 수상함정 또는 잠수함으로부터 발사가 가능하다.

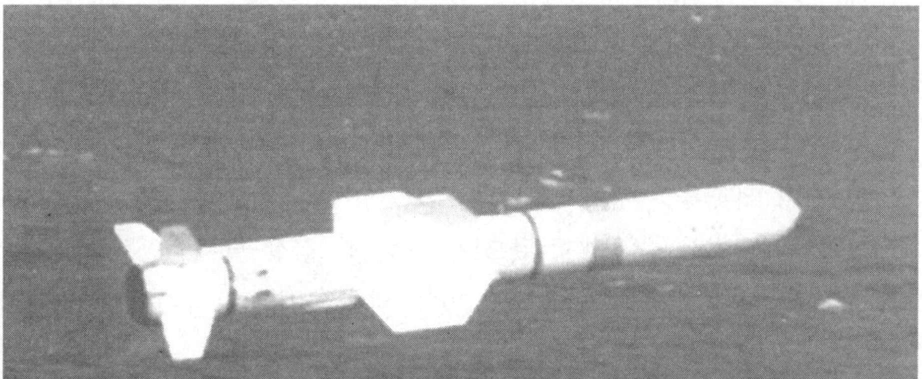

[그림 3-22] AGM-84(하푼)

1979년 초에는 공대함형인 RGM-84가, 그리고 잠수함 발사형인 UGM-84는 1981년에 실제작전에 배치, 운용되기에 이르렀는데 1990년 말까지 5,924발의 미사일이 생산되었다.

AGM-84 E형은 원거리 대지공격 미사일(SLAM : Stand-off Land Attack Missile)로 불리고 있는데, 이 미사일은 1986년 중반에 계획이 발표되어 1988년 11월에 첫 인도된 바 있다.

▶성능 및 제원◀

- 전 장 : 4.05m
- 직 경 : 343mm
- 속 도 : 마하 0.75
- 무 게 : 630kg
- 최대사거리 : 100km
- 특 성 : 함대함 발사형이나 잠수함 발사형은 후미에 보조추진 모터가 추가로 장착되어 있다. 영상탐지기를 사용하여 전자방해 방어수단(ECCM) 능력을 갖추고 있으며, 장착운용 가능 기종은 P-3, S-3B, A-6E, A-7, F/A-18, F-111C, B-52G 등이다.

◆ 엑조세(Exocet : AM-39)

엑조세 미사일은 공대함, 함대함 등 다양한 발사능력을 지닌 중거리 대함공격 미사일이다. 초기 엑조세 미사일은 프랑스의 아에로 스파시알(Aerospatial)사에 의해 전천후 함대함 공격 미사일로 1968년부터 개발되기 시작한 MM-38이며, 구소련의 스틱스 미사일에 대항하기 위한 동급 미사일로서는 유럽 최초의 미사일이었다.

AM-39 미사일은 10,000m 고도에서 발사시험에 성공하여 미사일 작전반경의 확대를 가져오기도 했다. 잠수함 발사용 SM-39는 1985년부터 프랑스 해군에서 운용하고 있으며, 지상 및 함상 발사용인 MM-40은 1980년부터 운용하고 있는데 AM-39와 외형적으로는 유사하나 추진기관을 개량하여 사정거리를 연장시켰다.

▶성능 및 제원◀

- 전 장 : 4.7m
- 직 경 : 305mm
- 무 게 : 652kg

◆ **원거리 대지공격 미사일(SLAM : Stand-off Land Attack Missile)**

원거리 대지공격 미사일로 분류되는 AGM-84E는 하푼 미사일의 개량형이다.

1986년 중반에 새로운 형태의 미사일이 발표되었는데 이는 해상 및 지상목표물에 대한 공격능력을 보유한 것으로 종래의 재래식 폭탄보다 효과적인 성능을 발휘하되 AGM-109 토마호크 미사일보다는 가격이 저렴한 조건으로 미 해군에 의해 요청된 것이었다. 이러한 요구조건은 1986년 미국의 리비아 공습 후 대두되었다.

▶성능 및 제원◀

- 전 장 : 4.5m • 무 게 : 630kg
- 특 색 : 이 새로운 미사일은 하푼 미사일의 능동레이더 추적 방식이 해상의 목표물에 한정되며, ECM에 취약하다는 단점을 보완하기 위하여 능동레이더 탐지기 대신 AGM-65D 매브릭 미사일에 사용하는 적외선 영상탐지기와 보다 정확한 위치정보를 얻기 위한 위성항법 시스템(GPS) 수신기를 장착하고 있다. 즉, 조종사는 발사 후 미사일을 통해 적외선 영상정보를 받아 지상 또는 해상의 목표물을 선택적으로 공격할 수 있으며, GPS로부터 수신되는 위치정보를 이용하여 공격의 정확도를 높일 수 있다.

  SLAM의 유도절차는 지상에서 이륙 전에 여러 목표물에 대한 좌표를 입력시킨 후, 이륙하여 목표물 100km 전방에서 미사일을 발사한다.

  중간 유도단계에서 미사일은 GPS로부터 신호를 받아 적외선 영상탐지기의 탐지영역 내로 유도된다. 이때부터 적외선 영상탐지기가 작동되며 데이터링크 시스템에 의해 목표물에 대한 비디오 영상이 자동적으로 발사한 항공기로 전송된다. 이때 조종사는 화면상에서 조준점을 선택 조절하여 미사일이 목표에 명중하도록 한다.

◆ 고속 대 레이더 미사일 (HARM : High-speed Anti-radar Missile : AGM-88)

HARM은 적의 방공레이더와 지상 및 해상의 레이더 유도 지대공 미사일 및 대공포를 제압함으로써 공중우세 확보와 항공기 손실을 줄이기 위한 대 레이더 미사일(ARM : Anti-radar Missile)로서 1969년 당시 기존의 AGM-45 Shrike 및 AGM-78 스탠다드 대 레이더 미사일의 결함을 개량한 고속 대 레이더 미사일(HARM : High-speed Anti-radar Missile)로 개발되었다.

이후 감지능력 향상과 광범위한 주파수 탐지에 주력을 두어 성능 개량하였으며, 모든 전투기 및 폭격기에 쉽게 장착이 가능하도록 하였다.

1989년부터 소프트웨어를 개선한 Block Ⅲ는 정비 및 작전운용의 향상을 위하여 기존의 PROM(Programmable Read Only Memory) 부품을 EPROM(Erasable Programmable Read Only Memory)으로 교체하여 AGM-88B로 명명하였다. 더욱 개선된 AGM-88C 미사일은 1989년부터 생산이 시작되었으며, 주파수 변경 가능 및 광역주파수 밴드를 보유한 세 레이더 시스템에 적응할 수 있도록 하였다.

[그림 3-23] 함 미사일

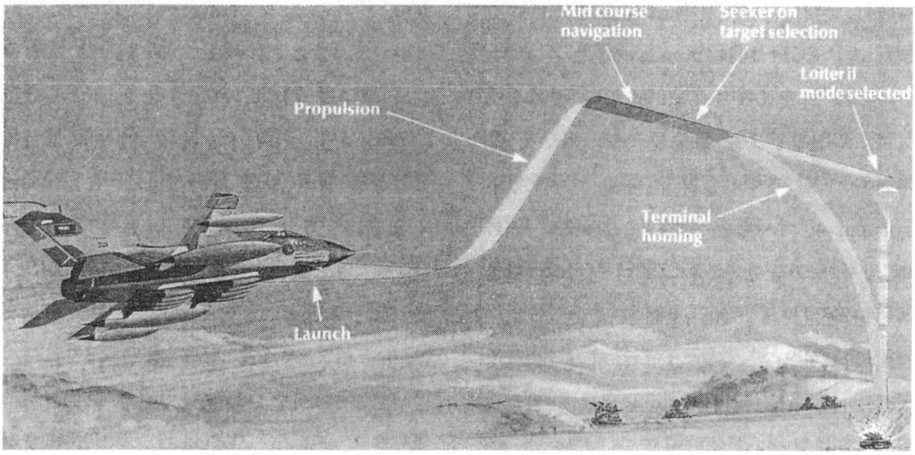

[그림 3-24] 알람 작동운영

◆ 알람(ALARM : Air Launched Anti-radar Missile)

최근에 들어 레이더로 운용되는 대공포와 대공미사일의 효능이 놀랍도록 향상되고 있다. 근래의 몇 차례 전쟁에서 보아왔듯이 이러한 무기 시스템을 통제하는 레이더의 제압 없이는 공중공격 전력이 막대한 손실을 입을 수밖에 없게 되었다.

이러한 대 레이더 미사일이 요구됨에 따라 1983년 영국 공군은 영국의 브리티시 에어로스페이스(British Aerospace) 사에서 제작한 알람(ALARM)과 미국의 텍사스 인스트루먼트 사에서 제작한 AGM-88 함(HARM)을 비교 검토한 후 자국의 알람을 선택하였다. 선택이유로는 알람 미사일의 성능이 더욱 우수하면서 융통성 있게 사용될 수 있고 크기도 작아 전투기의 외부모양을 변화시키지 않더라도 쉽게 장착이 가능하고 또한 가격도 저렴한 점 등을 들었다.

이 미사일들은 미 공군과 해군 및 기타 외국에서도 운용 중인데 걸프전에서 함이 발사되어 이라크의 방공망 제압에 큰 효과를 보게 된다.

▸성능 및 제원(함/알람)◂

• 전　장 : 4.17m/4.03m　　　• 직　경 : 254mm/224mm

• 중 량 : 361kg/268kg • 속 도 : 마하 2/"
• 사거리 : 20km/4km
• 알람의 특성 : 1991년 걸프전에서 영국 공군은 토네이도 공격편대로 제1파는 고도 60m에서 알람을 발사하여 이라크 방공망을 무력화시킴과 동시에 제2파는 JP-233 활주로 파괴폭탄으로 이라크 영내의 활주로를 무력화시켰다.

알람의 수동레이저 탐지기는 광대역주파수를 포함하고 있어, 현존 및 차후 출현이 예상되는 위협레이더에 대응할 수 있도록 하였으며, 고공상승 후 급강하 공격, 직접공격, 공중대기 기능 등 다양한 기능으로 적 위협에 융통성 있게 대처할 수 있다.

알람 미사일의 탐지기 부분은 이륙 전에 목표형태와 우선순위를 미리 프로그램화할 수 있고 만약 항공기의 항전장비가 연동되어 있는 경우에는 비행 중에도 프로그램을 수정할 수 있다. 그리고 이 미사일은 마이크로프로세서 소프트웨어에 의해 조절되기 때문에 간단히 소프트웨어만 변경함으로써 다양한 위협목표와 전투계획 시나리오에 적용할 수 있어 적은 비용으로도 매우 큰 융통성을 발휘할 수 있다.

◆ 토마호크(AGM-109)

1991년 초의 걸프전에서 첫 실전투입으로 명중률 90% 이상을 보이면서 고도 과학기술의 진수를 보여주었던 토마호크(Tomahawk) 미사일은 다양한 발사수단에 의해 발사가 가능한 재래식/핵탄두 겸용 다목적 미사일이다.

이 미사일은 세 가지 형태로 개발되었는데, 해상 및 해저 발사용의 함정용과 지상발사용, 그리고 공중발사용이다. 함정용 미사일은 1984년 미 해군에 배치되었으나, 공중발사 미사일은 1987년 중거리 핵무기 폐기협정 조인으로 작전배치 대상에서 제외되어 현재는 함정용 미사일만 운용되고 있다.

▶성능 및 제원◀

- 전 장 : 6.40m • 직 경 : 53mm • 무 게 : 1,470kg
- 유효사거리 : 1,300km(함상), 900km(수중)
- 특 색 : 이 미사일은 정밀 관성항법장비(INS : Inertial Navigation System), 레이더 고도계(Radar Altimeter)와 함께 정찰위성으로부터 상세한 지형식별 자료를 수신하여 지형해독 및 대조방법을 사용하는 지형조합 방식(TERCOM : Terrain Counter Matching)을 장입함으로써 실고도 100ft의 저고도로 침투할 수 있어 적 방공망의 탐지를 회피할 수 있도록 하였다. 목표지역에 도달하게 되면 광학센서, 디지털 화면조합 방식(DSMAC : Digital Screen Matching Area Correlation) 등을 이용하여 목표에 대한 최종유도와 공격을 하게 된다.

◆ **AGM-86 공중발사 순항미사일(ALCM : Air-Launched Cruise Missile)**

미 국방성은 1960년대 중반에 B-52에서 발사된 조그마한 무인항공기가 무려 수백 마일을 비행하여 목표 부근에 떨어짐으로써 순항미사일이 등장하기 시작하였다고 공표하였다.

1972년 미 공군이 연구 개발해 온 무인 순항미사일(SCAD : Sub-Sonic Cruise Armed Decoy)의 성능을 개량 핵탄두를 장착하여 그 명칭을 공중발사 순항미사일(ALCM : Air-Launched Cruise Missile)로 명명하였다.

1980년 보잉사의 ALCM을 폭격기 발사 순항미사일 대상무기로 확정하여 1980년에서 1987년에 걸쳐 3,418기의 미사일을 생산하게 되었다.

▶성능 및 제원◀

- 전 장 : 6.3m • 날개길이 : 3.65m
- 무 게 : 12,458kg • 속 도 : 마하 0.65
- 특 색 : 이 미사일은 272kg의 추력을 내는 엔진을 이용하여 2,500km까지 저고도(400～500ft)로 고속 순항비행을 함으로써 저고도 레이더 방어망을 뚫으려는 의도로 설계되었다.

◆ 팝아이(Popeye)

팝아이 미사일은 현대전의 모든 작전요구를 충족시키도록 설계, 제작된 발전된 전자광학적인 미사일로 95% 높은 표적 명중률을 자랑한다. 이 미사일은 TV 데이터링크 안테나가 로켓모터 노즐 밑에 부착되어 탐지기(IIR)를 선택적으로 사용할 수 있는 원거리 공대지 미사일이다.

팝아이 미사일의 우수한 성능에 주목한 미 공군은 B-52G에 탑재하여 운용하고 있다. B-52G 폭격기는 크고 육중한 동체로 인해 레이더 횡단면(RCS : Radar Cross Section)이 크지만 이것을 감안 원거리 공격 시 생존성을 크게 향상시켰다. B-52G는 토마호크 크루즈 미사일과 이 팝아이 미사일을 결합 운용하고 있으며 차후에도 지속적으로 실전에 사용될 것이다.

팝아이는 이스라엘 라파엘 사에 의해 1978년부터 연구개발을 시작하여, 1986년 이후 이스라엘 공군 F-4E 항공기에 운용 중에 있다. 미 공군에서는 팝아이를 기술도입 면허생산 하면서 초기에는 해브 냅(Have Nap)이라 불렀고, 후에 AGM-142로 명명하였으며, 최근에는 AGM-142 팹터(Paptor)로 재명명되었다.

□ 공대지 유도무기 발전추세 및 전망

걸프전에서 원거리(Stand-Off) 무기(적의 사정권 밖에서 공격할 수 있는 무기)를 탑재하지 못한 영국 공군의 토네이도 공격기는 이라크군의 비행장 폭격 시, 저공비행으로 표적에 직접 접근하지 않으면 안 되었으며, 이때 수대의 항공기가 이라크의 대공화기에 희생되고 말았다. 이때의 충격은 적 방공망의 사정권 밖에서 정밀 공격할 수 있는 원거리 공대지 미사일의 개발을 촉진시키는 계기가 되었다.

◆ 미 국

복합 원거리 무기(JSOW : Joint Stand-Off Weapon)

AI 공군 및 해군/해병대의 항공기에 탑재하고 있는 AGM-154A JSOW를 뜻하며 니미츠(Nimitz) 항공모함의 F/A-18C에 탑재되어 운용 중에 있다. 길이는 약 4m, 무게는 약 470kg이다. AGM이라는 기호는 공대지 미사일을 의미하지만 실제로 JSOW는 추진기관을 갖고 있는 미사일이 아니고 활공으로 비행하는 유도폭탄으로 고고도에서 투하되어 대략 50~60해리의 사거리를 갖는다.

AGM-154A JSOW는 현재 AGM-154A, AGM-154B, AGM-154C의 세 가지 종류가 있으며, AGM-154A는 지상의 레이더, 항공기, 차량 등의 표적을 파괴할 목적으로 BLU-97 복합효과(성형장약, 폭풍/파편, 소이 효과) 자탄 145발을 싣고 있다.

JSOW의 A형과 B형은 관성항법 시스템(INS)과 위성위치 측정시스템(GPS)을 조합한 유도 방식에 의해서 유도되며 정확도는 약 10m 이내이다.

AGM-154C형은 폭풍/파편 효과형의 단일탄두를 탑재하는 것으로 미 해군만이 사용할 예정이다. 단일탄두를 함정표적에 사용할 계획이기 때문에 유도시스템도 A형이나 B형보다는 정확도가 높은 것이 요구되고 있고, 현재의 AJM-84E SLAM과 같은 적외선 영상의 탐색기와 데이터링크를 사용하며 종말유도에서는 사람이 제어하게 된다. JOSW의 AGM-154C형은 2000년 중반에 초도 생산될 예정이다.

복합직격탄(JDAM)과 풍향보상자탄살포기(WCMD)

JOSW 이외에도 미 공군 및 해군에서는 항공기 탑재용의 새로운 유도무기 개발을 추진하고 있다. 그중 하나인 복합직격탄(JDAM : Joint Direct Attack Munition)은 기존의 MK83이나 MK84 또는 관통형 BLU-109의 탄체에 INS/GPS 유도장치를 부착하는 것으로 보잉사가 개발하고 있다.

JDAM에는 453.6kg급의 GBU-30, 907.2kg급의 GBU-29 등이 있다. 기존의 분산형 폭탄은 자탄을 확실하게 살포하기 위하여 어느 정도의 고도에서 투하하지 않으면 안 된다. 따라서 낙하 도중에 바람에 의해서 자탄의 살포가 표적을 벗어날 수도 있다. 이와 같은 문제점을 해결하기 위해서 현재 개발 중에 있는 것이 풍향보상자탄살포기(WCMD : Wind Compensated Munition Dispenser)이다. 이것은 재래식 분산형 폭탄 CBU

시리즈에 INS/GPS 유도장치를 부착하는 것으로 목표지점으로부터 3~12m 이내에 자탄을 살포할 수 있다.

복합공대지원거리미사일(JASSM : Joint Air-To-Surface Stand-Off Missile)

원거리성을 갖는 유도무기로 150~180해리의 사거리를 갖는 JASSM 계획이 있다. JASSM은 현재 운용 중인 사거리 약 50해리의 SLAM 및 사거리 75해리의 AGM-84H SLAM-ER, 그리고 사거리 1,500해리의 AGM-86C 재래식공중발사순항미사일(CALCM : Conventional Air-Launched Cruise Missile) 및 BGM-109C 토마호크 순항미사일과의 중간 정도의 사거리를 갖게 된다.

따라서 JASSM에는 원거리성을 갖는 충분한 사거리와 명중정확도, 그리고 미사일 자체의 스텔스성이 요구되기 때문에 중간유도에는 INS/GPS를 사용하고, 종말유도에는 적외선 영상유도나 자동표적 식별기술이 이용되며, CEP 3m 정확도가 요구되고 있다.

원거리(Stand-Off) 유도무기

미국에서 추진하고 있는 항공기 탑재 유도무기의 개발은 JOSW나 JASSM과 같은 원거리 무기 및 JDAM이나 WCMD와 같은 원거리성이 없이 INS/GPS 유도장치만을 탑재하는 스마트 무기의 두 가지로 구분된다.

원거리 유도무기를 사용하여 지상의 지대공 미사일(SAM)이나 대공화기(AAA)의 사정권 밖에서 공격하게 되면 공격기의 생존성은 현저히 높아진다. 또한 스마트 유도무기를 사용함으로써 적은 수량의 폭탄으로 표적의 파괴효과를 높일 수 있다면, 공격기의 출격 횟수를 줄일 수 있기 때문에 손실의 가능성도 작아진다. 이전에는 한 개의 표적을 파괴하는 데 몇 대의 공격기가 필요할 것인가를 계산해야 했는데, 지금은 1대의 공격기로 몇 개의 표적을 파괴할 수 있을 것인가를 생각하게 되었다.

원거리 공격의 중요성은 냉전시대부터 이미 인식되어 왔다. 걸프전 초기에는 이라크의 중요 표적에 대하여 공격을 가할 수 있었던 것은 F-117 스텔스 공격기와 토마호크 순항미사일뿐이었다. F-16이나 F-15E

등의 비스텔스기가 목표 상공에 침투하여 폭탄이 명중할 때까지 레이저를 계속해서 조사한다는 것은 매우 위험하기 때문이다. 이런 이유 때문에 원거리성이 있고 자율성이 높은 유도무기의 개발이 요구되고 있는 것이다.

미군의 기존 항공기 탑재 유도무기 중에서 이와 같은 요구에 가장 가까운 항공기 중의 하나가 해군의 AGM-84E SLAM이다.

◆ 유 럽

유럽에서는 영국이 장래의 항공기 탑재용 원거리 공대지 미사일을 개발하는 공중발사 미사일(CASOM : Conventional Air Launched Missile) 계획을 추진하고 있으며, 1997년 7월 영·합동의 Matra/BAe사의 스톰 섀도(Storm Shadow)를 선정하였다.

영국 공군은 지금까지 원거리 무기를 보유하지 못하였기 때문에 1991년 걸프전 초기에 토네이도 공격기가 이라크 비행장에 저공침투하여 직접 공격함으로써 수대의 항공기가 이라크의 대공포에 의해서 손실된 바 있었다.

선정된 스톰 섀도는 마트라 사의 아파치(Apache) 원거리 활주로 파괴용 미사일을 기본으로 개발하는 것으로 스텔스성을 갖춘 기체와 터보제트 추진 방식에는 변함이 없지만 유도 방식은 아파치가 INS/TERCOM/레이더 방식인 것에 대하여 스톰 섀도는 INS/GPS와 TERCOM 방식을 함께 사용하고, 종말유도는 적외선 영상에 의해서 이루어진다. 영국 공군은 이 스톰 섀도를 토네이도 GR4나 해리어 GR7 공격기, 유로파이터 2000 등에 탑재할 예정이다.

기타 개발 중이거나 완료된 선진형 원거리 미사일은 독일 DASA사의 LFK와 스웨덴의 베포(Befor)사가 제안한 KEPO350, 영국의 GEC-마르코니사의 페가수스, 미국 휴즈사의 에어호크(Air Hawk : 토마호크의 공중발사형), 맥도널 더글러스사의 그랜드 슬램, 이스라엘 라파엘사의 팝아이 터보, 미국 TI사와 영국 쇼츠사의 JSOW 파생형인 그리핀 38 등이 있다.

이와 같이 각국은 향후 공대지 무기체계에 대하여 높은 관심을 가지고 개발에 박차를 가하고 있다. 결론적으로 공대지 유도무기는 세계 각국들이 미래 전장개념에 적합한 무기를 자국의 기술을 최대한 활용하여 고성능 및 정밀성을 위주로 중장기적으로 계획을 세워 기술개발에 주력하고 있다.

제 2 절 방 공 무 기

2.1. 일 반

1. 개 요

방공무기는 일반적으로 방공항공무기와 방공포병무기로 분류할 수 있다. 전장에서 알아본 항공무장은 전자에 속한다고 말할 수 있다. 따라서 이 단원에서는 방공포병 무기 중 단거리 방공포병무기를 제외하고 중·고고도 방공무기인 대공 유도탄에 대하여 중점적으로 다루기로 한다.

단거리 대공무기는 통상 적의 근접지원 항공기나 회전익 항공기의 공격으로부터 비행장, 레이더 및 샘 기지, 주요 전방부대와 시설 및 기지 대공방어를 위해 운용되며, 대공포, 휴대용 및 단거리 샘을 혼합운용 또는 상호지원 가능하도록 배치 운용된다.

중·고고도 대공 유도탄은 중·고고도로 공격하는 고속항공기에 대한 방공임무를 수행하기 위하여 전방에 주로 배치한다. 그러나 방공우선순위가 높은 지역이나 시설을 방어하기 위하여 후방지역에 배치될 수도 있다.

현재 한국공군이 운용 중인 중·고고도 방공무기인 호크(Hawk)와 나이키(Nike) 유도 미사일의 운용개념을 보면, "호크유도탄 부대는 야전군 전투지대나 후방지역의 주요부대 및 시설 방호에 운용된다(방공무기 운용교범)"로 되어 있고, 또한 "나이키 유도탄은 통상 방공구역 전반에 대한 중·고고도 방공엄호를 제공한다"고 규정하고 있다.

2. 방공무기 실전사례 분석

방공무기체계의 중요성은 지난 1950년대 한국전에서부터 1990년대 걸프전에 이르기까지 모든 전쟁에서 방공무기 운용의 전례를 통해 널리 알려져 있다.

실전사례 분석을 보면 다음과 같다.

<표 3-5> 방공무기 실전사례 분석

구 분	결 과	교 훈
한국전 (50년대)	· 항공기 1,000여 대 손실 중 900여 대가 대공포와 소회기에 격추	· 대공포와 소화기의 중요성
월남전 (60년대)	· 항공기 900대 손실 중 80%가 소화기 및 대공포에 격추 · 기타 격추율 -SAM : 13% -요격기 : 7%	· 샘과 대공포의 혼합운용 효율성
4차 중동전 (70년대)	· 샘과 대공포의 집중운용으로 120대 격추	· 샘과 대공포의 혼합운용 효율성 · 기동부대 방공 우선 중요성 제고 · 적 방공제압 중요성(SED)
포클랜드전 (80년대)	· 휴대용 및 단거리 샘 등 최신 정밀유도 무기로 적 항공활동 무력화	· 최신 정밀유도무기 조기 개발 필요성
레바논전 (80년대)	· 샘 및 대공포에 대한 AWACS/무인기/암 운용으로 방공체계 무력화	· 전자전 및 암 효율성 · J-SED 중요성 대두 · 길시간 정보획득 중요성

구 분	결 과	교 훈
걸프전 (90년대)	· EP 항공기 및 방어 통신위성 체계를 이용한 야간 공습으로 방공체계 무력화 -AV/암/스텔스기 -AWACS/J-SRARS/J-SEAD · 지대공 무기체계 효과적 운용 -패트리어트 및 단거리 대공무기	· 최신장비에 의한 전장감시 및 지휘통제 중요성 · 합동작전체제 중요성 · 지대공 무기체계 개발 및 상호 보안 필요성 -TBM/암 요격체제 개발 -단거리 대공무기 C^3I 체계 연동 (저고도 항적에 효과)

3. 방공(포병) 무기체계 분류

지상 대공방어 작전에 운용되는 방공(포병) 무기체계를 분류해 보면 다음과 같다.

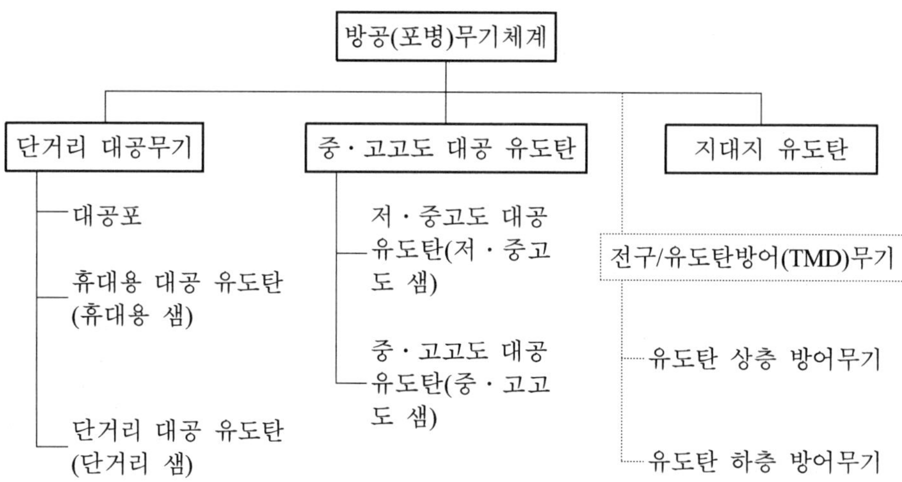

[그림 3-25] 방공(포병) 무기체계 분류표

2.2. 중·고고도 대공 유도탄 소개

1. 호 크

(1) 배 경

호크 무기체계는 1953년 미국에서 개발하여 1964년 저고도 위협에 대응하기 위한 기본체계를 개량하였는데 이 중 중요한 것은 포대 지휘소에 디지털 제원 처리기와 함께 중앙 제원 처리기를 설치함으로써 표적처리, 위협순위 결정, 표적의 요격확인 등 절차를 자동적으로 수행할 수 있도록 했다.

또한 개량형 유도탄은 유도장치와 고성능 로켓모터를 장착하고 있으며, 기존 탄두에 비해 크기가 커진 75kg의 탄두를 사용하고 추적레이더와 미사일은 지상포착 물체에서 발생하는 잡상(Clutter)과 표적을 구별함으로써 저고도 침투 항적과의 교전이 가능하게 되었다. 이어 개량사업은 1989년까지 총 4차에 걸쳐 성능을 개량하였으며 세계23개 국가에서 운용하고 있다.

(2) 제원 및 성능

- 전 장 : 5.08m
- 직 경 : 0,37m
- 속 도 : 마하 2.3
- 담지거리 : 110km
- 교전거리 : 40km
- 교전고도 : 18km
- 유도 방식 : 반능동 명중 유도 방식
- 추 진 체 : 이중발화식 고체연료 부스터 지속 추진 로켓모터 사용
- 발 사 대 : 3발의 미사일을 적재한 견인 트레일러 장착형 발사대

[그림 3-26] 호크 유도탄 발사 장면

(3) 특 성

호크의 특성으로 적의 전자방해 상황하에서도 임무수행이 가능하며 최소의 반응시간으로 전 방향 사격을 실시할 수 있다. 적절한 진지변환으로 생존성 보장과 지속적인 방공작전이 가능하며 주·야간 및 전천후 방공작전을 실시할 수 있다. 또한 편제 차량 및 항공기를 이용한 지상 및 공중이동이 가능하다.

(4) 운용 및 전망

호크 무기체계는 저·중고도로 침투하는 적 항공기나 유도탄 등 공간이동 비행체를 파괴 무력화시키거나 공격효과를 감소시키고 지속적인 방공작전을 수행하며 필요시 지상군 방공지원도 가능하다. 호크 포대는 포대와 추진사격소대로 분리 운용할 수 있고, 포대 생존성과 지속적인 방공작전 임무수행을 위해 예비진지로의 진지변환이 가능한 기동성을 갖고 있다. 현재 한국에서 사용하고 있는 호크 무기체계는 1964년 도입되어 운용 중에 있으며, 후속 무기체계 M-샘 개발이 완료단계에 와 있다. 미국을 중심으로 한 서방 군사선진국에서는 호크 대체용으로 MEADS 체계 등을 독자 또는 국가 간 공동 개발하여 2000년 후반기 이후 전력화될 전망이다.

2. 나 이 키

(1) 배 경

나이키-허큘리스 샘(Nike-Hercules SAM) 체계는 1954년 나이키 아작스를 개량하여 최초 미국에서는 인구밀집지역과 중요시설에 대한 방호임무로 운용하였으며, 일본, 대만 등 국가에서 고정형 샘 체계로, 독일, 한국 등 국가에서는 반기동형 샘 체계로 운용되었다. 현재는 세계적으로 도태처리 되었지만 한국에서만 유일하게 운용하고 있다.

[그림 3-27] 나이키 유도탄 발사장면

(2) 제원 및 성능

- 최대사거리 : 대공(155km)/지대지(183km)
- 최대탐지거리 : 320km
- 최고유효고도 : 30,480m
- 최고속도 : 마하 3.5
- 유도탄 길이 : 12,141cm
  - 1단계 부스터 : 4.34m
  - 2단계 부스터 : 8.19m
- 유도탄 무게 : 4,868.6kg
  - 1단계 부스터 : 2,354kg
  - 2단계 부스터 : 2,514kg
- 발 사 대 : 단일 레일형 발사대

(3) 특 성

나이키 특성으로 중・저고도 표적 교전 및 지대지 임무수행이 가능하며, 고폭탄 및 핵탄두를 사용할 수 있다. 적 전자방해 상항하에서도 정상적인 작전이 가능하고 모든 시계, 기상 및 지형 조건하에서도 정확한 화력을 제공한다.

(4) 운용 및 전망

나이키 무기체계는 중・고고도로 침투하는 적 항공기에 대하여 교전할 수 있을 뿐만 아니라 적의 군수 주요시설, 전략표적을 타격할 수 있는 무기체계로서 사격통제 지역에는 2대의 탐지레이더와 3대의 추적레이더, 2대의 통제소 등으로 구성되어 있으며 발사통제지역에는 발사대, 유도탄, 유도탄 통제그룹 등으로 구성되어 운용하고 있다.

미국은 나이키 개발 후 1985년 패트리어트로 교체 시까지 운용한 후 도태시켰으며, 서방 9개국에서도 1990년대 초 나이키를 도태시키고 패트리어트로 대체 운용하고 있다.

한국은 1965년 도입하여 운용하고 있으나, M-SAM 계획과 연계되어 점차적으로 도태시킬 것으로 예상된다.

3. 패트리어트

(1) 배 경

패트리어트(Patriot) 무기체계는 최초 적 항공기를 요격할 수 있는 SAM으로 개발되었으나 1980년대 말 대 탄도탄 요격능력을 추가하여 개량하였다.

장차전의 적 공중위협 양상은 고고도에서 저고도로 대량의 항공기 침투에 의한 기습공격 위험이 증대되고 있는 상황에서 패트리어트 무기체계는 미군이 보유 중이던 나이키와 호크의 결함개선 요구사항인 기동성 향상, 다표적 교전능력, 짧은 반응시간 및 높은 격추율, 대 전자전 능력, 운용요원 및 정비부담 감소 등을 개선시키기 위해서 1976년에 개발을 착수하여 1983년 실전배치 후 1991년 걸프전에서 실전경험을 통하여 뛰어난 성능을 발휘하였다.

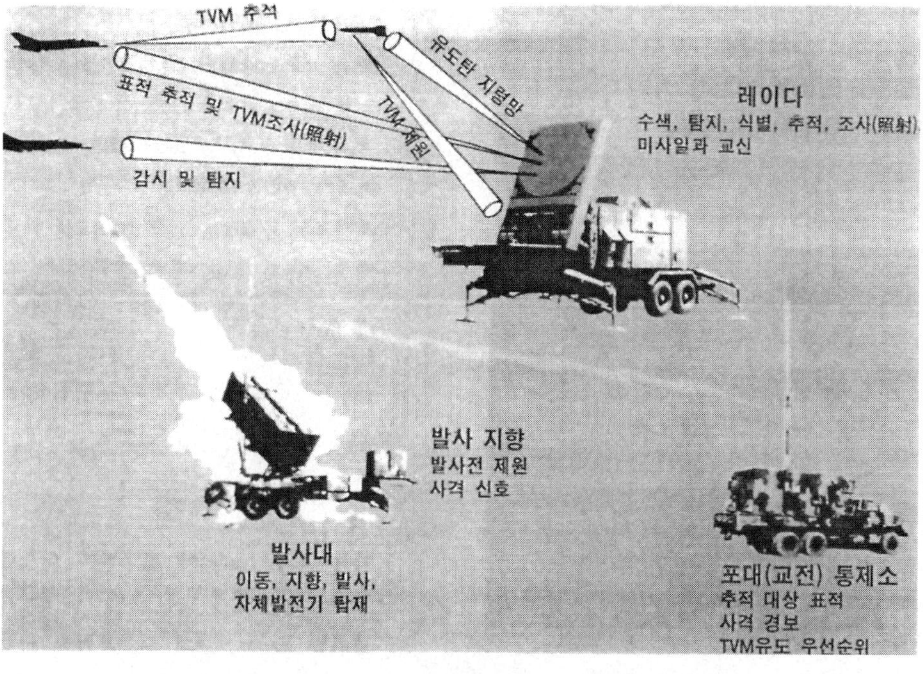

[그림 3-28] 패트리어트 포대 장비 운용

(2) 제원 및 성능

• 제 원

- 전 장 : 5.18m
- 최대사거리 : 160km
- 요격고도 : 24km
- 최고속도 : 마하6(순항 : 2~3.5)
- 유 도 : 미사일 경유 추적(TVM) 반능동 명중 유도 방식
- 발사대 : 4발을 적재할 수 있는 견인형 발사대

• 성 능

- 90~125개 표적을 추적하여 위협이 높은 9개 표적 동시 유도탄 발사 가능
- 목표물 발견 후 격추 시까지 소요시간 3분 이내 가능
- 다른 방공 레이더와 연동되어 신속한 작전임무 수행
- 다기능 레이더 1대로 다수표적에 대한 탐지, 식별, 추적/유도탄 유도기능 수행

[그림 3-29] 패트리어트 유도탄 발사장면

[그림 3-30] 감시, 표적탐지 및 추적 피아식별, 발사된 미사일 추적 및 유도와 EP 기능 수행 레이더

(3) 특 성

패트리어트의 특성으로 적의 침투, 기동, 극심한 전자교란 등에 우수한 대응능력을 보유함과 동시에 컴퓨터에 의해 조종되는 자동화된 무기체계이다.

사격계획을 다른 방공부대와 협조하며, 동시에 각급부대 및 타 보완관계 무기(호크)에 전송하고 목표물 탐지에서 유도탄 발사, 요격, 그리고 명중, 평가에 이르기까지 신속한 대응능력을 제공해줄 수 있도록 고속 디지털로 처리가 가능하다.

(4) 운용 및 전망

패트리어트 체계는 전술탄도탄, 순항유도탄, 첨단항공기 등 적의 EA 상황하에서도 표적을 격추시킬 수 있도록 개발하여 운용하고 있으며,

1988년 패트리어트 PAC-2형으로 개량하여 최초 실전 배치하였다. 1999년 이후부터 대 탄도탄 요격능력이 개량된 PAC-3로 대체 운용 중에 있다.

4. S-300V

(1) 배 경

S-300V 무기체계는 대 탄도탄 요격능력을 보유하도록 개발한 이동식 대공 유도무기체계이다.

이동하면서 작전하는 대규모의 집단군을 전술급 탄도탄과 각종 항공기 및 순항유도탄에 의한 적의 공중공격으로부터 방어하기 위한 임무를 수행할 목적으로 개발한 것이다. 또한 S-300V는 대 탄도탄 방어임무를 독자적으로 수행해야 한다는 요구사항 때문에 여타 대공 유도무기체계와는 비교할 수 없는 방대한 규모의 레이더 센서와 화력으로 구성된 무기체계이다.

(2) 제원 및 성능

- 제 작 사 : Antey Scientific Indystirial Organization(러시아)
- 제 원
  - 전 장 : 7m
  - 최대유효사거리 : 75km - 최대 유효고도 : 25km
  - 유도 방식 : 반능동 명중 유도 방식 - 최대속도 : 마하 5
  - 추 진 제 : 2단계 고체연료 발사체 및 지속 로켓 추진제

(3) 특 성

S-300V는 정지상태에서 사격지점으로 전개하였을 때 5분 안에 유도탄 발사가 가능하며, 유도탄 발사 후 장비철수 소요시간도 5분(3차원 레이

더에 의한 위성도움 없이 표적탐지) 밖에 되지 않는다. 또한 S-300V는 대 전술탄도탄 임무수행을, S-300V1은 항공기 및 탄도유도탄 요격임무를 수행하고 있으며, 9S457-1 지휘차량은 48발의 유도탄을 동시에 유도하고 24개의 표적과 동시에 교전 가능하며, S-300V레이더는 EP 장치로 대 전자전 능력을 극대화하고 있다.

[그림 3-31] 탐지레이더

[그림 3-32] 발사대

(4) 운용 및 전망

S-300V SAM 체계는 SA-12라고 부르며, S-300계열은 기동력을 강화하기 위해 궤도형 트랙터 포가에 탑재하여 운용하며, 장비를 가동하지 않은 상태에서 기동 중에 사격지점으로 전개시간은 5분 이내 유도탄 발사가 가능하고 장비철수 소요시간도 5분 이내 가능하다.

현재 SA-12 체계 생산은 종료되었고 러시아와 우크라이나 국가 등에서 운용 중에 있다.

5. S-300PMU-1

(1) 배 경

S-300MPU-1 체계는 S-300P의 가장 최근에 개량된 모델로 1993년에 작전배치되었다. 이 장비는 기존 시스템의 많은 구성품을 실질적으로 재설계한 것이며 90ZH6라는 새로운 명칭을 부여하였고 획기적으로 개량된 48N6 미사일이다.

(2) 제원 및 성능

- 제 작 사 : Almaz Scientific Idustrial Corporation(러시아)
- 제 원(유도탄)
  - 전 장 : 7.5m
  - 무 게 : 1,800kg
  - 최대사거리 : 150km
  - 대 탄도탄 요격거리 : 27km
  - 사 격 률 : 3초당/1발
  - 속 도 : 마하 6
  - 유도 방식 : 유도탄 추적 방식(TVM)
  - 탄 두 : 100kg의 고폭 세열 탄두, 근접 및 착발신관

[그림 3-33] 발사대

(3) 특 성

S-300MPU-1의 특성으로는 작전준비시간은 5분이며, 발사간격 3초, 동시에 6개 이상의 목표물 공격이 가능하다. 64N6 레이더 시스템은 100개의 표적에 대한 탐지, 식별추적이 가능하며, AWACS 등으로부터 또는 3차원 장거리 탐지레이더로 표적정보를 획득(식별/위협분석)할 수 있다.

작전상황하에서 대 전자전대응책도 구비하고 있으며, 탄도미사일 및 순항미사일과 같은 작전표적까지 효과적으로 격추시킬 수 있다. 또한 미사일 발사 후 초기에 구름이 발생하지 않아 적에 의한 발사대 탐지가 어렵고 배치 후 10년간 조정이나 점검이 불필요한 고 신뢰성 장비이다.

매우 짧은 반격시간, 높은 수준의 자동화 및 뛰어난 화력을 지니고 있고, 나무가 많은 숲이나 지형이 고르지 못한 지역에서도 발사대의 위치를 변경하지 않고도 어느 방향으로부터의 위협에도 대응이 가능하다.

(4) 운용 및 전망

S-300MPU-1 체계는 1992~1993년부터 운용되었고 기동형과 고정형이 있으며, 러시아, 불가리아, 중국, 이란 등 6개국에서 운용하고 있다. 또한 러시아는 고기동 컴퓨터와 최신의 조기경보체계, 대 항공기 및 전술탄도탄, 순항미사일 등에 대한 요격능력을 보유한 S-3000MPU-1과 S-300V 체계는 S-300PMU-2 및 Antey 2500으로 개량하였다.

6. 전역 고고도 지역방어(THAAD)

(1) 배 경

전역 고고도 지역방어(THAAD) 체계는 전술탄도 미사일 위협에 대해 빈틈없는 상층방어를 제공하고 대기권 내·외 장거리 고고도 요격능력과 공격해 오는 전술탄도 미사일을 요격하여 무력화시킬 수 있는 핵심 TMD 무기체계이다.

(2) 제원 및 성능

- 제 작 사 : 록히드마틴(주계약)
  * 레이더장비(Raytheon)
- 고 도 : 150km 이상
- 속 도 : 마하 5 이상
- 요격사거리 : 300km 이상
- 유도 방식 : 종말 IR 호밍

(3) 특 성

- 사거리가 길기 때문에 사격 – 확인 – 사격 방식(Shoot-Look-Shoot)의 교전이 가능하다.

- 명중요격(Hit-To-Kill)하는 치명상 가능
- 조기교전이 가능하며, 명중평가 후 필요시 두 번째 미사일 발사 가능
- C-130 허큘리스 항공기를 이용 공구배치 가능
- 패트리어트, MEADS 등에 부대신호를 보내 예비교전상태로 대기할 수 있도록 정보제공
- 육군 및 연합군 체계와의 연합작전 임무수행

(4) 운용 및 전망

THAAD 체계는 BM/C^3I, 미사일, 발사대, 그리고 레이더 등 네 가지로 구성되어 있으며, 위성, AWACS, 지상레이더(TMD-GBR)로부터 목표정보를 입수, 감시 및 사격통제를 실시하고, 1차 요격 실시 후 효과판정, 초탄 실패 시 2차 요격실시가 가능하다. 본 체계 개발은 1995년 12월 최초 요격시험 후 수차에 걸친 요격시험을 진행하고 있으나 아직은 문제점 해결에 시간이 걸리는 관계로 실전배치는 2000년대 후반에야 가능할 것으로 예상되고 있다.

7. 애로(ARROW)

(1) 배 경

이스라엘은 1991년 걸프전 당시 주변 아랍국가들이 다량의 전구미사일을 보유함에 따라 이들 위협에 대응하기 위해 1988년 미국과 애로 대탄도미사일 공동 연구계획에 관한 협정을 체결함으로써 개발이 시작되었다.

1994년 애로-1을 개발 후 성능이 향상된 애로-II 프로그램으로 전환하여 계속적인 성능 및 요격시험을 통하여 1998년 9월 애로-II 발사시험에 성공하였다.

[그림 3-34] 애로-Ⅱ 발사장면

(2) 성능 및 제원

- 제 작 사 : IAI(이)+록히드(미)
- 유도 방식 : 초기(관성) → 중간(지령) → 종말(IR호밍)
- 전 장 : 6.3m
- 직 경 : 0.8m
- 사 거 리 : 90km
- 고 도 : 40km
- 속 도 : 마하 9
- 탄 두 : HE(파편형)
- 추진 방식 : 2단 추진

(3) 운용 및 전망

애로-Ⅱ 체계는 사격통제센터, 레이더 통제센터, 레이더 안테나, 발전기, 냉각부, 발사대 통제센터 및 발사대로 구성되며 애로 체계는 각 포대당 100km 이상 이격된 2개의 기지로 운용될 것으로 예상된다. 또한 이스라엘은 애로-Ⅱ 체계의 시험발사에 따라 2000년대 후반 실전배치될 것으로 예상된다.

2.3. 미국·러시아의 최신 유도탄 소개

1. 미국의 최신 유도탄(PAC-3)

(1) 개 요

기존의 근접신관 탄두 대신 충격신관(Hit-To-Kill) 탄두를 탑재한 탄도미사일 요격시스템으로 2001년 10월 개발 이후 이라크전에 최초투입된 지대공 미사일이다.

미 육군은 확대방공(EAAD : Enhanced Area Air Defense) 시스템 프로그램의 일환으로, PAC-3 요격 방공시스템의 성능개량에 착수하였다. 최근 개발된 록히드마틴 사의 PAC-3 요격 미사일시스템은 지난 이라크 전쟁에 처음 실전배치되어 4기의 미사일을 발사하여 2기의 이라크 미사일을 격추시키는 성과를 거둔 바 있다.

록히드마틴사는 PAC-3 미사일 부속확장(MSE : Missile Segment Enhancement) 프로그램에 따라, 추진력을 증대시키기 위하여 대형 고출력의 추진기관을 탑재하고 기민성을 증대시키기 위하여 날개를 크게 하고 기타 구조물을 개조하고 있다. 이러한 성능개량을 통하여 PAC-3와 전역 고고도 지역방어(THAAD : Theater High Altitude Area Defense) 요격미사일 시스템과의 교전영역 공백을 50% 이상 줄일 수 있을 것으로 예상하고 있다. 날개를 크게 함으로써 기존의 PAC-3 발사대에 장전하기가 어려울 수도 있지만, 고속의 첨단 탄도미사일 및 순항미사일의 위협에 대응할 수 있는 우수한 기동성을 갖추게 된다.

PAC-3는 대기권 저층에서 운용하는 시스템으로 개발된 것에 반하여, 금세기 후반에 실용화될 예정인 THAAD 시스템은 대기권 상층에서 탄도미사일을 요격할 수 있도록 개발되고 있다. 2004년에 시스템 개발 및 시험단계에 들어간 THAAD 시스템 개발은 설계가 수정됨으로써 대기권 아래에서 PAC-3 미사일과의 교전영역 공백이 더 커지게 되었다. 현재 계획에 의하면 성능개량형인 PAC-3 MSE 요격미사일은 2009년경 실용화될 예정이다.

미국, 독일 및 이탈리아가 공동 개발하고 있는 중거리 확대 방공시스템(MEADS : Medium Extended Air Defense System)도 초기 요격미사일로 PAC-3 기본형을 사용할 계획이나 궁극적으로는 PAC-3 MSE로 대체될 것으로 예상된다.

(2) 성능 및 제원

- 길이/직경 : 5.2m
- 추 진 : 1단 고체
- 중 량 : 312kg
- 최대속도 : 마하 5
- 탄 두 : 직격 파괴형(Hit-To-Kill)
- 사거리 : 20km
- 유도 방식 : 관성/능동 밀리미터 레이더

(3) 운 용

- 종말 비행단계의 탄도미사일을 요격한다.
- 항공기 요격능력은 160km(고도 : 24.4km)이고, 탄도탄 요격능력은 25～27km(고도 : 15～20km)이다.

(4) 기 타

- 이라크전 시 영국 전투기에 대한 오인사격이 있었는데, 이는 영국 전투기 또는 패트리어트 시스템 어느 한쪽이 피아식별장치(IFF)에 고장이 발생하였거나 모래바람, 무더운 날씨 및 전파교란 등의 원인으로 추정되고 있다.
- 이라크 미사일 13발 중 12발을 해군 이지스함정이 지상 패트리어트와 연동하여 요격을 실시하였다.

2. 러시아의 최신 유도탄(SA-20)

(1) 개 요

스텔스형 항공기, AWACS 및 탄도미사일을 요격할 수 있는 신형 방공미사일로 알려져 있다.

(2) 특 성

- 탐색 레이더(96L6E) 탐지거리 : 300km(성능개량 시 : 500~600km)
- 기존 S-300 시스템(S-300P, PM, PMU, PMU2)에서 발사가 가능하다.
- 2004년 실전배치할 예정이었으나 2006년 이후로 연기되었다.
- 2004년 8월 20일, 러시아 특수개발임무담당은 신형 방공요격미사일 S-400은 2003년도와 2004년도에 실제 발사실험에서 대륙간 탄도탄, 저고도 목표물을 모두 성공적으로 요격하였다. S-400은 S-300과는 다른 개념의 중거리 미사일로서 전투능력 향상 및 아주 작은 반사물체 표적에도 효과적이며, 적의 레이더가 포착하기 어려운 작은 크기로 모든 비행물체에 대하여 우수한 요격능력을 보유하고 있는 것으로 판단된다.

(3) 성능 및 제원

<표 3-6> 성능 및 제원

구 분		9M96E 유도탄	9M96E2 유도탄	40N6 장거리 유도탄
사거리	최 대	40km	120km	400km
	최 소	11km	11km	-
고 도	최 대	25km	30km	-
	최 소	5m	5m	-
총 중 량		333kg	420kg	-
탄 두 중 량		24kg 고폭탄두		
격 추 방 식		직접충격		직접충격
발 사 방 식		수직발사		수직발사
개 발 년 도		1998.10		개발 중
설계 / 제작		파켈/알마즈사		Novator사

3. 유도무기 발전추세

- 첨단 적외선 대응장비를 장착하고, 스텔스성과 고도의 표적파괴 능력을 보유한 고정밀 유도무기로 발전할 것이다.
- 목표물 파괴단계는 종말 유도단계에서 점목표 정확성 부여, 정확한 시점을 계산하여 파괴한다.
- 적외선 방해책(IR ECCM)보다 우수한 ECCM 체계로 발전
- 대공포(Gun)와 휴대용 SAM 성능을 분석, 목표물에 대한 효과적인 공격

제 4 장

한국의 우주개발

제 1 절 개 요

1.1. 우주개발 연혁 및 현황

1. 연 혁

우주기술은 상당한 수준의 과학기술력과 자본을 필요로 하는 범국가적 차원의 것으로서 이때까지는 강대국 중심으로 발전되어 왔다. 지난 수세기 동안 미 · 소 냉전시대를 거치면서 우주를 보다 먼저 선점하고 군사적, 경제적으로 활용하여 우위를 점하고자 하는 경쟁체제에서 빠른 속도로 발전할 수 있었다고 말할 수 있다.

미국과 소련이 우주개발 경쟁을 벌이고 있는 동안 상대적으로 경제적 수준이 높았던 유럽과 일본, 그리고 소련과 공산권에서 경쟁하고 있던 중국도 나름대로 우주개척의 중요성을 인지하고 연구에 박차를 가해 오늘날은 미국과 러시아의 기술력과 노하우만큼은 안 되지만 유럽, 중국, 역시 상당한 우주개발 기술력을 보유하고 있다. 특히 2003년 10월 중국은 미국, 러시아에 이어 세계 3번째로 유인우주선을 발사하면서 중국 과학기술의 우수함을 세계에 과시한 바 있다.

이에 비하여 한국은 1980년대까지 빈약한 경제적 여건 등의 여러 가지 문제로 인해 우주개발에 대한 인적 · 물적 투자가 미흡하여 걸음마조차 하지 못했다고 할 수 있다. 그러나 1980년대 후반 이후 경제력이 크게 신장되면서 우주개발에 대한 노력이 물적 · 인적으로 국가차원에서 이루어지면서 괄목할 만한 성장을 이루게 되었다.

특히 지난 1992년 8월 영국 세레이 대학의 기술지원 아래 소형 인공위성 우리별 1호를 발사한 이래 1995년 8월에는 통신위성인 무궁화 위성을 발사해 세계 22번째로 상용위성 보유국이 되었다.

우주기술은 크게 인공위성과 발사체(로켓) 분야로 구분하며 국가의 우주기술 수준은 보통 A, B, C, D 네 그룹으로 분류한다. A그룹은 로켓을 자체 발사할 수 있는 능력과 위성개발 기술을 보유한 나라다. 미국, 러시아, 영국, 프랑스, 일본, 인도, 중국, 이스라엘 등이 이에 속한다. B그룹은 발사체 기술은 없지만 위성개발 능력을 갖춘 국가로, 우리나라와 캐나다, 독일, 이탈리아 등을 들 수 있다.

C그룹은 로켓 기술과 위성개발 능력을 부분적으로 보유한 브라질, 오스트리아, 덴마크 등이며, D그룹은 최근 우주개발에 착수한 인도네시아, 호주, 대만 등을 들 수 있다. 현재 우리나라는 무궁화 위성, 아리랑 위성, 우리별 위성 등을 발사하고 관리하면서 노하우와 기술력을 빠르게 쌓아가고 있어 멀지 않은 미래에 우주기술선진국에 버금가는 기술력을 보유하게 될 것이다.

2. 현 황

인공위성 분야에서 한국은 과학위성, 지구관측위성, 통신방송위성 등 총 11개를 보유하고 있다. 과학위성은 위성 기초기술 습득과 독자적 위성개발을 목적으로 발사된다. 지구관측위성은 자연재해 감시와 각종 자원이용 실태 파악, 지도제작 등 다양한 분야에 활용된다. 통신방송위성은 위성방송과 통신 등에 주로 이용된다.

과학위성으로는 우리별 1, 2, 3호와 과학기술위성 1호가 있다. 지구관측위성은 1999년 발사에 성공한 해상도 6.6m급(지상의 가로, 세로 6.6m의 지역을 한 점으로 인식)의 다목적 실용위성인 아리랑 1호, 2005년 7월 발사에 성공한 아리랑 2호를 들 수 있다. 아리랑 2호엔 달리는 자동차 종류를 식별할 수 있는 해상도 1m급의 고정밀 광학카메라를 장착했다. 이와 같은 고정밀 위성은 미국과 러시아, 프랑스, 일본 등 소수 국가만 보유하고 있다. 이와 함께 위성 디지털 멀티미디어 방송(DMB)을 위해 2004년 일본과 공동으로 한별 위성을 지구궤도에 올렸다.

발사체는(로켓) 분야는 1993년 쏘아 올린 과학 관측 로켓인 과학 1, 2호가 처음이다. 이어 2002년에는 우리나라 최초의 액체추진기관을 이용한 과학 로켓 3호가 발사됐다.

<표 4-1> M위성 발사 현황

과 학 위 성	발 사 년 도	지구 관측 위성	발 사 년 도
우리별 1호	1992년	아리랑 1호	1992년
우리별 2호	1993년	아리랑 2호	2006년
우리별 3호	1999년	아리랑 3A호	2006(개발착수)
과학기술위성 1호	2003년	아리랑 5호	2008년
과학기술위성 2호	2007년	아리랑 3호	2009년
과학기술위성 3호	2010년	아리랑 6, 7호	2010(개발착수)
과 학 위 성	**발 사 년 도**	**지구 관측 위성**	**발 사 년 도**
무궁화 1호	1995년	통신위성	2008
무궁화 2호	1996년	기상위성	
무궁화 3호	1996년	정지궤도	2009(개발착수)
무궁화 5호	2006년	복합위성	

* 발사체(로켓) : KSLV-1(2007), KSLV-2(2015) 발사계획

1.2. 우주개발의 의의 및 필요성

1. 우주개발 의의

• **2000년대 우주산업 중진국 진출의 기반확보**

우주산업은 산업조직의 체계적 관리와 국제경쟁에 대응한 교두보적 역할을 마련해 줄 수 있으며, 기술국가로 성장할 수 있는 산업기반을 조성할 수 있다.

• 예상되는 국내수요의 자체공급 능력의 확보

국내 우주소요의 전량을 해외도입에 의존하지 않고, 개발초기에 비용이 더 소요되더라도 자체개발 비율을 증가시킬 수 있는 연구개발이 필요하다.

• 비교우위 확보 기능 분야의 집중육성을 통한 세계시장 진출

기존 산업체에서 보유하고 있는 기술 및 장비의 비교 향상과 비교우위 가능한 품목을 위주로 개발해 나감에 따라, 품목별 국제수준의 상품화로 세계 우주시장을 공략해 나갈 수 있다.

• 항공, 전자통신, 자동제어, 초정밀가공, 소재 등 관련분야에 대한 기술파급효과

우주산업에서 개발된 고급 알고리즘과 로직 등을 유관산업에 기술을 파급시킬 경우, 공정기법 등 제품의 질이 향상될 수 있다.

• 자체개발을 통한 기술능력의 대외 이미지 강화

자체 기술개발에 성공할 경우, 명실공히 기술대국으로 성장할 수 있고, 대외적으로 국위를 선양할 수 있다.

2. 우주개발의 필요성

• 국가안보와 산업전략 차원에서의 광대역 정보망 구성

우선적으로 국내 위성정보망 구축을 통하여 새로운 정보사회를 구현할 수 있고, 나아가서 위성통신산업은 아시아 태평양 지역에서 광대역 정보망을 구성함으로써 지역공동체 개념을 구체화시킬 수 있는 통신창구로 중요한 역할을 수행하게 된다.

• 국제적으로 지구화 · 블록화 · 미래화 현상에 따른 국가운영의 외교수단 확보

지구촌시대, 우주정보시대에서 국가의 주권은 우주공간으로 확장

된다. 우주에 대한 한 국가의 힘, 즉 국위는 우주분야에서의 기술산업 능력과 직결되며, 유수한 국제협력이나 회의에서 우주산업을 외교수단으로 활용할 수 있다. 우주산업의 국제협력은 국가 간 호혜, 평등과 평화를 기본전제로 하기 때문이다.

• 우주 상업화에 따른 세계 우주시장 개발

2000년대 세계 우주시장 수요는 위성수명주기에 따라 대체위성이 필요하고, 그에 따른 많은 물량이 발생할 것으로 보인다. 또한 우주정보사회에서 우주문화 창달에 필요한 관련산업의 부가적 진보와 제품생산 후의 서비스관리, 기술파급, 기술판매 등 시장 수요는 개발능력에 따라 그 효과는 막대할 것이다.

• 미래지향적 국민의식 함양 및 독립문화권 확보

우주산업을 통하여 많은 고용효과가 발생하며, 산학연 연구체계의 활성화에 따라 미래지향적인 의식이 함양될 수 있으며, 독자적인 우주문화가 형성될 것이다.

• 인류공동유산으로 자국의 전략적 위치 확보

우주공간은 국제우주법에 명시된 대로 인류의 공동유산이며, 공동관심사이다. 우주개발에 따른 논리의 기초가 인류미래와 인류공영이지만 사실상 우주의 지배력은 우주강대국들에 의해 좌우되고 있고, 앞으로도 계속될 것이다. 그러나 최근 우주개발국을 중심으로 우주의 새로운 힘의 질서가 재편되고 있고, 한국의 국제적 입장 및 우주공간에서의 전략적 중요한 위치를 확보하기 위해서도 우주개발사업은 중요하다.

• 기술집약적 고부가가치산업으로 산업조직을 선도하므로 국제기술 경쟁력 확보 및 국내위성수요 대체로 위성제작능력 확보

계속 배출되고 있는 우수한 고급인력들에게 보다 새롭고 도전적인 연구개발 분야를 제공하고, 제조산업을 중심으로 한 유관산업체

들을 선도하기 위해서 우주산업의 기술경쟁력 확보 및 개발은 필수 불가결한 과제다.

1.3. 우주개발의 특성

우주산업은 고도로 축적된 첨단기술과 환경시험기술이 모두 필요하기 때문에 개발에서부터 발사 이후 사후관리까지 시종일관 신중을 기해야 된다.

일반적으로 우주개발의 특성은 다음과 같다.

- 고부가치산업(고도기술, 소량 다품종)
- 기술파급효과 및 생산유발효과가 매우 큼

  항공, 전자, 통신, 화공, 자동차, 정밀가공, 제어 등
- 시스템 집약산업(첨단기술의 복합체)
- 고도 기술집약, 고신뢰도 요구, 고품질 인증체제 필요
- 국력상징(국가 과학기술 수준의 척도)
- 미래산업(고성장의 잠재력)
- 초기자본의 투자가 크고, 자본회수가 긴 산업(장기간의 거액투자사업)
- 산학연 공동협조사업(강력한 추진력과 체계종합 능력 필요)
- 고급인력관리의 중요성

  연구개발 인력관리가 중요한 변수, 고도로 숙련된 기능공 확보 및 지원이 요구됨.
- 타연관 산업선도(우주제작산업, 우주이용산업, 우주지원산업)
- 우주문화의 창달(우주정보시대)

1.4. 우주기술 개발범위

1. 일 반

우주기술의 개발은 우주관련산업의 고부가치화를 통한 산업구조를 기술 집약형으로 만든다. 즉, 전자, 전기, 기계, 화공, 소재 등 다양한 최첨단기술이 집결되어야 하기 때문에 우주기술은 타 분야의 기술수준을 상승시켜 주는 효과를 가지게 된다. 우주기술은 우주개발체 사양에 따라 먼저 위성체 기술 개발과 발사체 기술, 그리고 지상우주 설비시스템으로 구분될 수 있다. 이 가운데 현재 우리나라는 위성체 기술개발을 정책적으로 우선 고려하고 있다.

위성체 기술은 탑재체(PAYLOAD) 기술과 구조체(BUS) 기술로 구분하고 있다.

2. 우주기술 범위

우주기술 개발의 범위는 시스템사양에 따라서 분류되고 있고, 핵심 알고리즘이나 로직 등은 시스템 전체를 고려해야 하는 점에서 우주기술 개발은 그 자체가 종합적이며 고집약형 기술이라고 말할 수 있다.

우주기술의 개발은 부품조달 및 기술관리가 정형적으로 이루어지기 때문에 논리적이고 체계적인 관리기법이 없이는 하나의 시스템을 구성하기가 상당히 어려운 사업관리 특성을 가지고 있다. 따라서 우주기술 개발을 통해 축적된 기술을 상업적으로 응용할 경우, 많은 문제점을 보완할 수 있다는 점에서 우주기술의 범위는 질적인 면에서 우선적으로 고려되어야 한다.

<표 4-2> 우주기술 개발범위

우주기술	위성체 기술	· 우주 핵심 기반기술 · 위성완제 시스템기술 · 위성체 열제어/구조물기술 · 위성체 자세제어기술 · 위성체 전력장치기술 · 위성체 통신장치기술 · 위성체 추진 및 추력기술 · 위성 탑재체기술
	발사체 기술	· 로켓 완제 시스템기술 · 로켓 구조체기술 · 로켓 추진기관기술 · 로켓 유동방법 및 자세안정화 기술 · 로켓 발사 관제기술
	지상관제, 시험 및 응용 기술	· 위성관제 지상국기술 · 종합 환경시험기술 · 상업용 위성통신기술

3. 정부부처별 위성개발 추진내용

<표 4-3> 정부부처별 위성개발 추진현황

부 처	추 진 내 용	비 고
통상산업부	· 다목적 실용위성 본체 및 부분체 개발	예산반영 (545억원)
과기처	· 다목적 실용위성 시스템 설계 및 과학 탑재체 개발, 조립, 시험시설 · KAIST-SaTReC, 우리별 1, 2호 개발 성공, 우리별 3호 개발계획 추진	KOMPSAT 870억원 예산반영
정보통신부	· 2세대 무궁화위성, 국내 주계약 추진예정 · KAIST-SaTReC의 원격검지(광학 이미지 및 SAR 이미지) 사업지원 · 2세대 무궁화위성의 국내제작능력 배양 위해 새로운 개발사업 추진	
국방부	· 특수위성 개발 타당성 분석(1993년 초)	

4. 우주산업기술 파급효과

<표 4-4> 우주산업기술 파급효과

구 분	우 주 기 술	타 기 술 응 용 분 야
재 료 기 기		
소형, 경량화 환경 에너지 감지기	직접회로, 허니콤 구조재 단열재, 열파이프, 복합재 태양전지, 연료전지, 로켓엔진 각종 자세제어 및 환경센서	직접회로, 소형의료기기, 항공기 부품, 주택용 단열재, 고효율 열교환기, 항공기 동체, 기구부품, 연료전지, 태양전지, 자동차 충돌방지 센서, 환경감시기
시스템 기술		
제어기술 통신기술 화상처리 기술 컴퓨터 기술	관성항법, 유도기술, TM/TC 자료전송 디지털 화상처리 초경량 컴퓨터 제조기술	민간항공기용 관성유도 시스템, 원격구급의료 데이터통신, 고밀도 전송 시스템, 이상염색체 검출장치, 은행 및 대규모 경영정보 시스템
생산, 제조		
설계 기술 가공 조립 시험 검사 관리 기법	구조해석, 시뮬레이션 클린 룸 계측, 환경시험, 결함감지 공정리	토목, 건축 분야 시뮬레이션, 가상체험, 의료용, 반도체용 클린룸, 공업계측, 의료용 초음파 진단, Engineering Management 산업공정관리

제 2 절 우주개발추진현황

2.1. 다목적 실용위성(KOMPSAT) 2호

1. 개 요

한반도 정밀관측을 위한 고정밀 위성을 개발하고 고해상도 탑재카메라 기술을 조기에 확보하기 위한 다목적 실용위성 개발계획이다.

2. 추진경위

- 1999. 11. 30 REF설명회(KARI) 실시
- 1999. 12. 10 제안서(Proposal) 제출(KAI → KARI)
- 1999. 12. 27 국내업체 선정(구조계, 열제어계, 자세제어계)
- 2003. 4. 비행모델 총조립 및 시험, 평가 착수
- 2004. 4. 29 다목적 실용위성 2호 국산화 성공기념식 개최(국산화율 72%)
- 2005년 10. 발사(러시아 플레체스크 발사장)

3. 참여업체/기관

<표 4-5> 우주산업의 참여업체 및 기관

참여업체/기관	업 무 분 담
KARI	본체개발
KAI	본체제작 및 조립, 원격측정명령계, 전력계
대한항공	구조계
두원중공업	열제어계
대우종합기계	자세제어계
한화	추진계
과학기술부(주관)	시스템, 발사체, 탑재체, 발사
산업자원부	위성본체
정보통신부	관제

4. 위성 기초제원

- 궤 도 : 685km 태양동기 궤도
- 무 게 : 800kg

- 위성수명 : 3년
- 탑재장비 : 고해상도 카메라(흑백 1미터, 칼라 4미터 식별 및 촬영), 별 추적기, S밴드 안테나, X밴드 안테나

5. 총소요비용(개발비) : 2,282억원

<표 4-6> 위성체 개발비

분 야	소요예산	주 요 기 술	비 고
시스템	205(9%)	· 시스템정의, 규격분석, 설계	과기부 담당
본체	822(36%)	· 자세제어계, 구조계, 열제어계, 명령제어계, 전력계, 추진계	· KARI(160) : 본체개발 · KAI(531) : 본체, 부분체 제작 · 참여기업 : 131
MSC (고해상도카메라)	600(26%)	· 광학계, 전자계	이스라엘 Elop사 개발
AIT	250(11%)		해외발사 용역
발사	300(13%)		주관제시스템 개발 (ETRI 주관)
관제	50(2%)		
수신	35(2%)		
관리/감리	20(1%)	· 사업관리	
계	2,282		

6. 특기사항

- 2호 개발기술을 바탕으로 향후 다목적위성 3호 개념설계(해상도 80cm급)
- 고해상도 카메라(MSC : Multi Spectral Camera) 개발사인 이스라엘 Elop사의 공급 지연으로 인해 11개월 지연발사 불가피

- 흑백 1m, 컬러 4미터의 고해상도 카메라 및 과학센서 탑재용 지구 저궤도 위성 본체의 국산화 개발
- 지구 저궤도 고정밀 지구관측위성 개발, 고해상도 광학기술 개발, 위성영상 수신처리시스템 구축, 원격탐사기술 및 핵심위성기술 개발

2.2. 과학위성 개발

1. 개 요

100kg급 과학실험용 지구저궤도 소형위성을 개발한다.

2. 추진경위

- 1998. 10. 과학위성1호 개발시작
- 2003. 9. 과학위성1호 발사(러시아 코스모스 발사체)
- 2007(예정) 과학위성2호 발사(한국 KSLV-1 발사체)

3. 위성별 개발추진 실적

<표 4-7> 위성별 개발추진 실적

(단위 : 억원)

구 분	사업기간	사 업 비	임 무 내 용
1호위성	1998~2002	100	· 우주환경실험
2호위성	2001~2005	153	· 신기술실험 및 우주환경측정
3호위성	2004~2008	210(예정)	· 초정밀 자세제어 기술실험
4호위성	2007~2011	230(예정)	· 적외선 탑재체 기술실험
5호위성	2009~2013	210(예정)	· 나노위성 기술실험
6호위성	2011~2015	207(예정)	· 우주로보틱스 기술실험

4. 총개발금액

2,532억원(과학위성 1, 2호)

5. 개발기관

주관 → KARI, 참여 → KAI, KAIST 인공위성연구센터, 경희대

6. 과학위성 개발목표

- 고성능, 고신뢰도의 소형(100kg) 위성기술을 확보한다.
- 우주관측기술 개발 및 우주공간에서의 과학실험을 수행한다.
- 다목적위성, 통신해양기상위성 등 실용위성 개발에 필요한 위성기술을 선행연구 한다.

7. 특기사항

정부의 21세기 프런티어 연구개발사업 과제 중 항공우주분야 기술개발사업으로 추진되고 있다.

2.3. 통신해양기상위성 개발

1. 개 요

한반도 기상관측 및 해양관측, 차세대 통신기술위성 개발을 위한 정지궤도 통신해양기상위성을 개발한다.

2. 추진경위

- 1902. 12. KARI, 통신해양기상위성 개발계획 확정

- 1903. 5. 11 ETRI, 통신방송위성 탑재체 시스템 국내 첫 개발
- 1903. 9. 9 통신해양기상위성 개발사업단 개발사업 협약완료 (과기부, 정보통신부, 해양수산부, 기상청)
- 1908. 발사(예정)

3. 추진기관별 임무

<표 4-8> 추진기관별 임무

(단위 : 억원)

기관구분	사업기간	사업비	사 업 내 용
KARI	2003 ~ 2008	1,162	· 시스템 및 본체개발, 기상/해양 탑재체 개발, 지상국 개발
ETRI		652	· 통신 탑재체 개발, 시험지구국 개발, 관제시스템 개발
해양연구원		422.5	· 해양자료처리 시스템 개발
기상연구원		642.5	· 기상자료처리 시스템 개발

4. 총개발금액

2,880억원

5. 주요 임무

- 광대역 위성 멀티미디어 서비스를 제공한다.
- 한반도 주변 해양관측을 통한 환경감시 및 어장정보를 생산 관계부서에 제공한다.
- 기상예보 정확도 향상을 위한 대기를 정밀 관측하고, 특히 기상현상을 조기 탐지한다.

2.4. 중형 과학로켓(KSR) 개발

1. 개 요

위성발사체 핵심기반기술을 개발하고 과학로켓 발사장을 건설·운용한다.

* KSR(Korea Sounding Rocket)

2. 추진경위

- 1978. 9. 26 ADD 개발 2단형 군사용 로켓(백곰) 발사
- 1993. 6. 4 1단형 무유도 고체추진 로켓 과학(KSR-1) 1호 발사
- 1993. 9. 1 KSR-Ⅰ 2호 발사
- 1997. 7. 9 KSR-Ⅱ 1호 발사(충남 안흥발사장)
- 1998. 6. 11 KSR-Ⅱ 2호 발사
- 1902. 11.28 KSR-Ⅲ 발사(충남 가덕도)

3. 개발 추진실적

- 1993~1902
- 참여기업 및 기관
  - 설계 : KARI, 표준과학원(천문대), 서울대, 한양대
  - 제작 : 두원중공업, 한화, 한국화이바, 단암산업, 에이스테크놀로지, 신영중공업, 현대모비스(현, 로템)
  - 기타 : 삼성항공, 현대우주항공, 대우중공업

4. 개 발 비

KSR-Ⅱ : 52억원, KSR-Ⅲ : 582억원

5. 주요 제원 및 성능

• 임무 : 한반도 상공 오존량 측정, 이온층 전자밀도 및 온도 측정, 천체 X선 관측 등 용도에 따른 임무를 수행한다.

<표 4-9> 위성의 제원

구 분	KSR-Ⅱ	KSR-Ⅲ
길 이	11.10m	13.5m
직 경	42cm	1m
총 중 량	2,050kg(Payload 150kg)	6,100kg
최대고도	138km	42.7km
체공시간	362sec	230sec
추 력		180kg

6. 특기사항

• 2001년 3월 한국이 MTRC(Missile Technology Control Regime) 33번째 회원국 가입으로 인해 사거리 300km 이상, 탄두 500kg급 로켓의 개발에 필요한 여건이 충족되었다.

• MTCR 회원국 간 극심한 기술통제로 인하여 핵심 유도기술 및 대형 로켓엔진 부품의 수입이 어려우므로 자체적인 로켓기술 개발이 필수적이다.

2.5. 소형위성 발사체(KSLV-Ⅰ) 개발

1. 개 요

100kg급 소형위성을 지구궤도(300km)에 진입시킬 수 있는 성능을 가

진 발사체 개발 및 이에 필요한 시스템 설계, 제작, 조립, 시험 및 발사 운용기술을 확보한다.

* KSLV(Korea Satellite Launch Vehicle)

2. 추진경위

- 2001. 5. 소형위성발사체 기획연구 수행
- 2002. 4. 〃 기본설계
- 2002. 10 지상시험시설 설계 및 건설착수
- 2007.(예정) 과학위성 2호 발사(한국 KSLV-Ⅰ 발사체)

3. 총개발금액

3,594억원

4. 개발기관

주관 → KARI, 참여 → 관련 산업체 등 19개 기관

5. 향후 발사체 개발계획

<표 4-10> 발사체의 개발계획

구 분	발사예정	탑재 위성체	비 고
KSLV-Ⅰ	2007	과학위성 2호	· 100kg급 과학위성
KSLV-Ⅱ	2010	과학위성 3, 4호 다목적위성 4호	· 1톤급 위성, 위성발사 시장참여
KSLV-Ⅲ	2015	다목적위성 5호	· 1.5톤급 위성

6. KSLV-Ⅰ 개발목표

- 위성발사체 시스템 설계 및 제작
- 터보펌프식 액체추진기관 및 고체 킥모터 개발
- 위성의 궤도투입기술 확보 및 발사 운용

  * 러시아의 기술이전 지연 및 과다 기술협력 비용요구로 인한 2년가량 개발연기가 불가피할 것으로 예상된다.

2.6. 우주센터 건설

(1) 개 요

2005년까지 지구 저궤도위성(100kg급)의 국내 발사장을 확보한다.

(2) 추진경위

- 1998. 11. 국가우주개발 중장기 기본계획 수정, 우주센터 건설 확정
- 1999. 3. 우주센터 건립을 위한 기획조사 완료(KARI)
- 2001. 1. 30 부지선정 발표(전남 고흥군 외나로도)
- 2002. 8. 8 우주센터 기공식 개최
- 2007. 7 현재 전 공정의 90% 진척
- 2008년 말 과학위성 2호 발사예정(탑재 KSLV-Ⅰ)

(3) 부지현황

<표 4-11> 우주센터 부지현황

구 분	내 용
부지위치	· 동경 127.3°, 북위 34.26°
부지규모	· 150만평(시설부지 약 8만평)
주요시설	· 로켓발사대, 조립 및 시험시설, 발사임무 통제시설, 추적소, 추진기관 시험실, 프레스 센터, 우주체험관 등

(4) 총건설금액

2,346억원

(5) 우주센터 건립 목표

- 위성의 자력발사 및 향후 세계 위성발사시장 진출 교두보를 확보한다(2015년까지 인공위성 9기 발사예정).
- 인공위성 발사체 개발을 위한 성능시험을 수행한다.

제 3 절 미래 우주개발계획 및 전망

3.1. 우주개발계획

우리나라는 과학기술부가 마련한 '국가 우주개발 중장기기본계획'에 따라 우주선진국이 되기 위해 1996년부터 2010년까지 모두 2조4649억원의 예산을 들일 계획이다. 우주개발계획의 목표는 우리 땅에서 우리가 만든 인공위성을 우리의 우주발사체에 실어 발사한다는 것이다. 따라서 우리나라는 소형위성을 자력으로 발사할 수 있는 능력을 확보하고, 2010년까지는 저궤도 실용위성을 독자 개발하는 데 주력할 것이다.

우주산업시장에 진출하기 위한 기술 기반도 다질 예정이다. 우주산업은 자체발사 시설과 기술력을 갖지 못하면 선진국에 의존할 수밖에 없고, 위성기술이 경쟁국에 노출되는 단점이 있다. 이에 따라 현재 다목적 실용위성인 아리랑 3호와 5호, 통신해양기상위성, 소형위성의 발사체인 KSLV-Ⅰ의 개발과 우주센터 건설 등에 힘을 쏟는 중이다. 인공위성을 우주궤도에 올릴 수 있는 위성 발사체 KSLV- I 이 올해까지 개발되면 우리나라는 우주선진국인 A 그룹 수준의 기술력을 갖추게 될 것이다.

3.2. 미래 우주개발전망

현재 우주산업의 규모는 거의 500억 달러에 이른다고 한다. 그러나 가까운 장래에 우주개발이 지금의 개척의 수준을 넘어 경제적으로 우주를 이용하는 단계에 이르면 우주산업의 규모는 지금보다 훨씬 커질 것이 분명해진다고 예상할 수 있다.

작은 국토의 한국에 있어 사실상 무한한 우주공간에 대한 개발은 해양개발과 더불어 앞으로 국가의 전 역량을 집중시켜 개발해 나아가야 하는 국가적 개발목표가 되어야 한다. 한국은 이런 현실에 따라 미래 우주항공 10대 강국을 목표로 전남 고흥에 우주기지를 건설하고 2005년까지 새로운 첨단위성을 발사하며, 2015년에는 1.5톤급의 위성을 발사할 수 있는 발사체(로켓)를 개발한다는 목표를 갖고 있다.

찾아보기

[ㅎ]

[영문]

항공전자개론

2013년 3월 10일 1판 2쇄 발행

저 자 강한종 · 박인호
발행인 남 승 우

발행처 도서출판 상尙 학學 당堂
서울시 동작구 사당로9가길 6(사당동)
TEL : 02) 595-1692～4
FAX : 02) 595-1394
E-mail : namdoo6@unitel.co.kr
신고 : 2-155호 (1968. 11. 29)

정가 19,000원

ISBN 978-89-93383-31-7 93550

〈디자인〉 편집 이선경 / 표지 토틀컴